창의력
두뇌태교

창의력 두뇌태교

송명진 · 박종하 지음

이른아침

창의성이 뛰어난 사람이라고 하면 어떤 인물이 떠오르나요? 상대성 이론을 발표한 아인슈타인, 누구도 생각지 못했던 비디오 아트의 창시자 백남준, PC의 대중화를 이끈 빌 게이츠, 아이폰으로 미디어와 통신의 혁명을 일으킨 스티브 잡스 등 유명한 사람들의 이름을 생각해낼 수 있을 거예요. 이 사람들은 자신의 창의성을 통해 세상에 새로운 것들을 많이 만들어내고 변화를 이끌어냈지요. 그런데 왠지 이런 사람들은 우리와 많이 다르고 특이한 점을 가진 천재들일 것 같은 생각이 듭니다. 천재들만 창의성이 뛰어난 걸까요?

매주 일요일 밤마다 저는 창의성이 뛰어난 사람을 여럿 만납니다. 달콤한 휴일이 끝나가는 시간, 여러 개그맨들이 매주 새로운 아이디어로 웃음을 주는 프로그램을 보면서 말입니다. 시청자들에게 웃음을 주기 위해서 개그맨들은 기존의 틀을 유지하면서도 새로운 소재를 짜내어 넣어야 합니다. 처음에는 재미있던 것도 몇 번 반복하다 보면 식상해지기 마련이지요. 수많은 코너가 생겼다가 없어지고, 한때 인기 있었던 개그맨이 한동안 공백기를 가진 후 등장했다가 이전의 인기를 되찾지 못하고 사라져 버리는 경우가 바로 그 때문이지요. 한 코너를 1년 이상 유지하기란 쉽지 않은 일입니다. 그런 가운데 3년 이상 시청자의 사랑을 받아온 코너가 있습니다. 바로 ‘달인’입니다.

16년 동안 무언가를 열심히 노력한 달인이 TV 쇼에 출연을 하지요. 그 무언가를 사람들에게 보여주려고 하지만 생각만큼 잘되지 않아서 사회자에게 쫓겨나고 사회자는 달인의 수제자에게 묘기를 제대로 보여달라고 하면서 의외의 웃음을 터뜨리게 만들지요.

달인의 개인기로 이끌어가는 이 코너는 2007년 12월부터 시작했습니다. 3년이 넘는 시간 동안 달인이 매주 새로운 장기로 사람들 앞에 설 수 있었던 비결은 무엇일까요? 그 비결은 ‘창의성’일 것입니다.

어느 신문의 인터뷰를 보니 “달인은 못하는 게 없어 보이는데. 대체 못하는 게 뭔가요?”라는 질문에 달인 김병만 씨는 이렇게 대답했더군요.

“남들과 다르게 독특하게 하려 하고, 나만의 방식으로 장난치려고 하고. 나름대로 일상생활 중에서도 계속 머릿속에선 달인에서 할 것들을 생각해

봅니다. 애써 생각하려 노력하지 않아도 저절로, 눈에 띄는 것에 다 '달인'
이라는 수식어를 붙여보지요."(2011. 3. 15 스타투데이 인터뷰 중)

남들과 같은 방식이 아니라 자신만의 방법을 찾으려 하고 항상 새로움을
추구하는 자세, 자신의 일에 대한 열정과 집중력이 창의성을 만드는 것입
니다.

창의성은 모든 생각과 행동을 새로운 방법으로 시도해보는 태도입니다.
어떤 특별한 재능이나 능력이 아니라 살아가면서 익혀가는 습관에 가까운
것이지요. 세 살 버릇 여든 간다고 어릴 적 습관은 평생 동안 자신과 함께하
는 동반자입니다. 그리고 그 습관은 태어나서 처음 만나는 사람, 바로 부모
에게서 가장 많이 배우게 되고요. 그러니까 창의적인 아이를 키우고 싶다
면 부모 자신들부터 창의적인 사람이 되어야 하지 않을까요? 부모가 창의
적이지 않으면서 자녀만을 창의적으로 키울 수는 없는 것이지요.
'난 별로 창의적이지 않은데, 어쩌지?'라고 걱정할 필요는 없습니다. 반
드시 뛰어난 천재나 영재가 되지 않더라도 누구나 창의적일 수 있습니다.

개그맨들은 자신의 일에 대한 열정으로 새로운 웃음을 만듭니다. 혼자만의 생각으로 재미있는 아이디어가 나오지 않으면 다른 동료들과 함께 생각을 나누면서 더 좋은 생각, 더 재미있는 생각을 만들어가지요. 마찬가지 방법으로 예비 엄마, 아빠도 창의성을 키워나갈 수 있답니다.

이 책에서는 창의성이 단지 두뇌에 관련된 특별한 능력이 아니라 온몸으로 배워야 하는 태도라는 점을 전하고자 태아의 신체 발달 단계에 관한 설명과 함께 신체 각 기관과 관련된 창의성에 대한 이야기를 싣고 있습니다. 창의적인 부모에게서 창의적인 아이가 자라난다는 것을 꼭 명심하시고, 『창의력두뇌태교』를 통해 보다 창의적인 엄마, 아빠와 아기가 태어나기를 기원합니다.

차례

제1장
생각의 탄생
1개월(1주~4주)

엄마, 아빠의 사랑의 결실로 새 생명이 잉태되었어요. 수정란은 겨우 직경 0.2mm 정도밖에 안 되지만 이미 생명 활동을 시작했어요. 작은 수정란이지만 수정 후 12~15시간이 지나면 세포 분열을 시작해요. 그러니 엄마, 아빠도 지금 당장 임신과 태교에 대해 관심을 가져야 해요. 태교 책도 준비하고 선배 임신부의 경험담도 들어보세요. 임신에 대한 막연한 두려움을 떨쳐버릴 수 있을 거예요.

아기가 조용히, 엄마와 아빠도 느끼지 못하는 사이에 자라기 시작했어요. 눈에 보이지도 않고 확인할 수도 없지만 이제 아기가 엄마 배 속에서 무럭무럭 자랄 거예요. 드디어 부모가 되는 거예요.

부모가 된다는 건 많은 부분에서 변화가 생긴다는 의미예요. 가족이 늘고 대화 소재도 바뀌고 생활 패턴도 바뀌고……. 무엇보다 이제 부모가 되기 위해 엄마와 아빠가 변해야 할 시간이 된 거예요. 지금까지 살면서 알게 모르게 몸에 밴 나쁜 습관들을 버리고, 건강하고 현명한 부모가 되기 위해 변화하기 시작해야 하죠. 그 시작은 생각의 틀을 바꾸는 데서 출발한답니다. 생각의 전환점이 될 만한 질문 하나를 던져볼게요.

얼마 전에 강의를 하러 울산에 갔습니다. 울산 지역의 교장 선생님들을 대상으로 하는 연수 과정 중 '창의성과 창의적인 인재육성'이란 제목의 특강을 맡았지요. 연세가 많으신 분들이었지만, 젊은 신입사원들보다 훨씬 더 열성적이고 즐겁게 강의를 들어주셨어요. 강의가 끝나고 나서, 그중 한 분이 직접 공항까지 데려다 주시기까지 했어요. 그분과 이런저런 이야기를 나누었는데, 아주 기억에 남는 내용이 있었어요. 이 교장 선생님이 학교에서 새로운 교사를 뽑을 때엔 위의 질문 딱 한 가지만 던진 다음, 그 대답을 듣고 결정하신다고 했습니다.

마치 도덕 시험 문제 같은 이 문제의 답으로 무엇을 골랐나요? 여러분의 답은 1번과 2번 중 어떤 것이었나요? 저는 마치 그 시험에 임하기라도 한 것처럼 마음속으로 곰곰이 정답을 생각해보았어요. 공공 시설물을 아주 소중하게 다뤄야 한다는 생각이 바탕에 깔린 질문이니까, 소중하게 다루려면 당연히 '내 것처럼'이 맞는다고 생각했지요. 아무래도 자기 것을 더 소중하게 여기는 것이 사람 마음이잖아요. 그래서 당연히 1번이 정답이라고 생각했어요. 그런데 이어지는 교장 선생님의 말씀은 제 뒤통수를 치는 듯했습니다.

"제가 이 질문을 해보면, 나이에 따라서 대답이 달라지더군요. 나이가 조금 있고 사회적인 경험이 쌓이신 분들은 대부분 '남의 것처럼'이라고 말씀하시고, 아직 어리고 사회적인 경험이 없는 사람일수록 대부분 '내 것처럼'이라고 답하더군요. 내 것보다 남의 것을 더 소중하게 다뤄야 하는데, 요즘 젊은 친구들은 그런 걸 너무 모르는 거 같아요."

저도 모르게 심장 박동 수가 빨라지고 손에 땀이 났습니다. 1번이 답이라고 입 밖으로 내지 않은 게 얼마나 다행이었는지. 30분 전까지 제 강의를 들으시고, "정말 좋은 말씀 잘 들었습니다. 공감이 팍팍 되는군요. 제가 공항 근처로 가니까 직접 모셔다 드릴게요"라며 호의를 보이신 선생님을 실망시키지 않은 게, 정말 다행이었어요.

비행기를 타고 서울로 오는 내내 그 이야기가 머릿속에 자리 잡고 있었어요. 내 것처럼 쓰는 것과 남의 것처럼 쓰는 것의 차이가 머릿속에 계속 맴돌았어요. 사람이다 보니 내 것을 남의 것보다 더 소중히 여기는 것이 어쩌면 당연해요. 하지만 중요한 것은 남의 것이 내 것만큼 소중하다는 점을 기억하는 일일 거예요. 그리고 상대를 배려하고 조금이라도 위한다면, 내 것은 조금 험하게 사용해도 남의 것은 절대 그렇게 하면 안 된다는 것을 알게 되지요.

이 문제에 대해 생각하다 보니 예전에 들었던 이야기가 기억났습니다. 자, 다음의 빈칸도 채워보세요. 다음은 미국, 일본, 한국의 부모들이 자녀들에게 가장 많이 하는 말이라고 합니다. 과연 어떤 말일까요?

- 미국 부모: 남에게 ＿＿＿ 해라.
- 일본 부모: 남에게 ＿＿＿ 주지 마라.
- 한국 부모: 남에게 ＿＿＿ 마라.

빈칸에 들어가는 정답은 이렇습니다. 미국 사람들은 자녀들에게 "남에게 봉사해라"라는 말을, 일본 사람들은 "남에게 피해 주지 마라"라는 말을 가장 많이 한다고 해요. 그렇다면 한국의 부모들은 어떤 말을 가장 많이 할까요? 바로 "남에게 지지 마라"라는 말이랍니다.

물론 이 이야기가 미국, 일본, 한국 사람 모두에게 해당하진 않을 것입니다. 미국과 일본 부모들 중에도 남에게 봉사는커녕 피해를 주더라도 자기만 잘살면 그만이라고 생각하는 이기적인 사람도 있을 거예요. 그렇지만 이 이야기는 우리에게 생각할 거리를 던져주고 있어요. 내가 다른 사람에 대해 어떻게 생각하고 있는가, 나와 같은 사회를 구성하는 사람들에게 어떤 생각으로 어떤 행동을 해야 하는가를 생각하게 합니다.

경제적으로 안정되지 못했기 때문에 결혼을 미루고, 결혼 후에도 교육비 부담 때문에 아이를 하나 또는 둘 이상은 낳지 않으려는 것이 요즘 추세예요. 여러 명을 낳아 부족하게 키우느니 한둘만 낳아 남부럽지 않게 다 해주고 싶은 게 부모의 마음일 겁니다. 그런데 이렇게 한두 자녀만을 키우게 되면 '소중한 우리 아이를 잘 키우기 위해서는 못해줄 게 뭐 있나!' 하는 마음이 될 가능성이 높아져요. 최고급 분유, 엉덩이가 짓무르지 않는 수입 기저

귀, 청정 지역에서 키운 유기농 채소 등 먹을거리는 물론, 두뇌 발달에 좋다
는 교육 완구 및 책, 운동 능력과 음악 재능을 키워준다는 프로그램 등 점차
아이를 키우는 데에 드는 비용이 커지고 있어요. 소중한 우리 아이가 남에
게 뒤지지 않도록 하려고 말이에요.

　하지만 정말 중요한 것은 아이에게 몇 가지 기술이나 지식을 가르치는
게 아니라 더 넓고 깊은 시각을 가질 수 있도록 도와주는 게 아닐까요? 즉
나, 내 것, 우리에 한정되지 않고 나와 다른 남까지도 함께해서 더 좋은 생
각을 만들어내는 열린 마음과 태도를 갖도록 말이에요. 엄마의 눈이 오직
내 아이만 바라보는 게 아니라, 남의 아이들과 세상까지로 넓혀질 때 우리
아이들은 더 잘 자라날 거예요.

2주 조급한 부모가 아이를 망친다

이제 수정란은 나팔관을 따라 이동하며 더욱 왕성하게 세포 분열을 거듭해요. 이때 특히 병에 걸리지 않도록 건강 관리에 유의하세요. 아파도 약을 먹을 수 없으니까요. 사람이 많은 곳에는 가급적 가지 말고, 외출 후에는 꼭 손발을 깨끗이 씻으세요. 음식은 평상시처럼 골고루 먹되, 가격이 조금 비싸더라도 유기농 재료를 먹는 것이 좋아요. 또 애완동물은 톡소플라즈마(toxoplasma)라는 원충을 감염시킬 수 있으므로 너무 가까이하지 마세요.

아기를 갖기 위해 계획했던 분들이 아니라면 아기가 찾아왔을 때 미처 느끼지 못할 수도 있어요. 하지만 아기가 생긴 것을 알게 되는 순간부터 여러 가지 고민과 궁금증이 생기죠. '어떻게 생겼을까?' '머리는 좋을까?' '어떤 재능을 타고날까?' '순산할 수 있을까?' 등등…….

배 속 아기가 눈에 보이지 않으므로 엄마와 아빠는 늘 조바심을 내며 아기를 빨리 만나고 싶어 해요. 하지만 아기는 열 달을 채워야 건강하게 만날 수 있다는 건 누구나 아는 사실이죠. 무엇이든 시간과 애정이 차곡차곡 쌓여야 얻을 수 있는 거니까요. 이번에는 예비 엄마, 아빠처럼 조바심이 많은 농부 이야기로 시작해볼게요.

　한 농부가 자신의 밭에서 조 농사를 짓고 있었어요. 농부는 매일 밭에 나가서 조 이삭이 자라는 모습을 살폈지요. 그런데 조급한 농부의 눈에는 조 이삭이 통 자라는 것 같지가 않았어요.

　"왜 쑥쑥 자라지 않지?"

　조급한 마음으로 매일 밭에 나가는 농부의 눈에, 조금씩 자라는 조 이삭이 보일 리가 없었던 것이지요. 조급한 농부는 옆집 밭의 조보다 자기 밭의 조가 더 빨리 자라기를 바라는 마음뿐이었어요. 급기야 그는 한밤중에 자신의 조를 조금씩 뽑아 올렸어요. 이튿날, 농부는 옆집 사람들을 불러서 이렇게 말했습니다.

　"우리 조가 당신네 밭의 조보다 더 빨리 자라고 있소. 허허."

　농부는 즐거운 마음으로 옆집 사람들에게 자신의 조 밭을 자랑했어요. 그런데 이게 웬일일까요? 간밤에 농부가 뽑아 올렸던 조 이삭이 모두 말라 죽고 말았던 것입니다.

해마다 어린 학생들이 성적 문제를 비관하여 너무 일찍 세상을 등졌다는 뉴스가 나오곤 합니다. 요즘 아이들은 초등학생 때부터 학교 수업이 끝나면 학원으로 갑니다. 학원을 한 군데만 가는 것이 아니라, 여러 학원을 두루 돌고 늦은 밤이 되어서야 집에 들어오지요. 돌쟁이 아기들조차도 신체 발달이나 정서 발달을 도와주는 학원으로 몰리는 것이 현실이에요. 우리 사회의 지나친 교육열을 보면, 『장자莊子』에 나오는 앞의 이야기가 자꾸 생각납니다. 엄마들의 조급함이 아이들을 망치고 있는 것은 아닌지 걱정되곤 합니다.

언젠가 미국에 거주하시는 교육학 박사님께서 한국 어린이들의 교육 현장을 보고 하신 말씀이 생각납니다.

"한국의 부모들은 어린아이들에게 집중력 저하 훈련을 시키고 있습니다. 학교에서 배우고 학원에서 또 배우는 아이들은, 다른 아이들이 두 시간에 배울 것을 네 시간, 여섯 시간에 걸쳐 배우는 집중력 저하 훈련을 받고 있는 겁니다."

물론 자신의 자녀가 바보가 되기를 바라며 집중력 저하 훈련을 시키는 부모가 어디 있겠습니까? 그러나 부모의 조급함이 사랑하는 아들딸을 바보로 만들고 있는 현실을 인식하면 얼마나 뜨끔한지 모릅니다. 요즘 우리 어린이들 대부분은 학원에서 선행 학습을 합니다. 한번 집중해서 배우면 좋을 것을 학교, 학원, 과외 선생님 등에게 여러 번 배우고 있지요. 이는 바람직한 교육이 아닙니다. 아이가 90점 이상, 또는 100점을 맞기를 바라는 엄마, 아빠의 조급함이 아이들을 바보로 만들고 있는 거예요.

이스라엘을 여행하고 돌아오신 전직 교장 선생님의 이야기를 해볼게요. 그분이 한 학교를 방문했는데 학생들이 오전에는 성경과 토라(『구약성서』의 첫 다섯 편인 「창세기」 「출애굽기」 「레위기」 「민수기」 「신명기」)를 공부하고 명상하느라 정규 수업을 받지 않는 것을 보고 그 학교의 교장에게 물으셨다고 합니다.

"고등학교 3학년들인데 공부를 덜 하면 입시에서 불이익을 당하지 않습니까?"

이 질문에 그 학교의 교장 선생님은 웃으며, 그곳 학생들이 미국 유수의 대학에 얼마나 많이 합격하는지 증명하는 자료를 보여주셨다고 합니다. 그러고는 공부한 시간에 비례하여 성적이 나오는 것이 아니라며, 공부를 잘하려면 집중해야 하고, 집중하려면 마음의 안정이 필요하다고 말씀하셨답니다. 명상의 중요성을 강조하며, 자신의 학교에 대하여 자부심을 갖고 소개하는 교장의 모습이 아주 인상 깊었다고 해요.

많은 시간 동안 책상 앞에 앉아 있는 것보다 안정된 마음으로 집중하는 것이 공부 잘하는 비결이에요. 어려서부터 왜 공부해야 하는지를 먼저 알고 강한 동기를 지닌 채 공부에 흥미를 느끼는 것이 비결이지요.

조급함이 일을 망치는 이유는 시간의 투자에 비례하여 성과가 돌아온다고 잘못 생각하기 때문이에요. 그래서 여유를 갖지 못하고, 여유가 없다 보니 현명하게 집중하지 못하는 것이지요. 중요한 건 집중입니다. 그럼, 어떻게 하면 집중할 수 있을까요?

세계 최고의 부자인 마이크로소프트Microsoft의 빌 게이츠Bill Gates를 예로 들어볼게요. 그가 초창기 IBM의 프로젝트를 성공으로 이끌기 위해서 어떻게 했을까요? 상대 회사에게는 모든 준비가 다 되어 있다고 큰소리 치고는 프로젝트를 완수하기 위해 3일 동안 잠자지 않고 일했다고 해요. 그런 의욕은 남이 시켜서 생기는 것이 아니지요. 집중을 위한 가장 큰 에너지는 열정입니다. 내가 소망하는 것을 얻고 싶다는 열정이 집중을 만들지요.

우리 부모들에게 필요한 것도 바로 이 열정과 집중이에요. 좋은 부모가 되기 위해서는 여러 가지를 바꿔야 합니다. 금연, 금주는 기본이고 몸에 좋다면 싫어하는 음식도 먹어야 하며 밤늦게까지 놀고 싶어도 규칙적인 생활을 위해 일정한 시간에 자고 일어나야 해요. 이처럼 생활 습관과 마음가짐 하나하나를 고쳐나가야 합니다. 그런데 문제는 이미 가지고 있는 습관과 마음가짐을 고치기가 쉽지 않다는 거예요. 건강하고 똑똑한 아이, 창의적인 아이가 태어나도록 좋은 부모가 되겠다는 생각은 좋아요. 하지만 한꺼번에 고치려고 의욕을 앞세우다간 한두 번 실패한 다음에는 '십수 년 넘도록 이렇게 살아왔는데 금방 고쳐지겠어?' 하면서 포기하는 경우가 허다합니다. 그러다 나중에 보면 아이가 부모의 나쁜 습관을 그대로 닮아 있게 되지요.

아이를 사랑하는 마음은 어느 부모라도 마찬가지라서 자기 아이를 위해서는 무엇이든 다 할 수 있지요. 한 번만 하는 것이라면 말이에요. 하지만 아이를 키우는 일은 농부가 곡식을 심고 돌보는 것처럼 매일매일 꾸준히 해야 합니다. 농부가 기분 좋고 힘이 나는 날에는 곡식에 물도 많이 주고 잘 돌봐주다가, 힘든 날에는 게으름을 피운다면 어떻게 될까요? 곡식이 자라는 상태를 봐가면서 알맞게 물을 주고 매일 꾸준히 돌보는 농부가 풍년의 기쁨을 만끽할 수 있을 겁니다. 이와 마찬가지로 건강하고 똑똑한 아이, 창의적인 아이를 낳기 위해서는 아기를 사랑할 뿐만 아니라 그 사랑을 꾸준히 실천해야 합니다.

예비 엄마, 아빠 여러분! 그 매일의 사랑을 실천할 준비는 되셨지요?

3주 창의성에 대한 오해와 진실

수정란은 일주일에서 열흘 정도 지나면 서서히 성장해가요. 뇌의 척수가 되는 신경관과 혈관계, 순환기계가 생겨 심장 혈관에 혈액을 보내지요. 이 시기에 태아가 성장하는 데 필요한 영양분과 산소를 공급하기 위해 엄마는 규칙적인 식사 습관을 들여야 해요. 하루 세끼를 꼭 챙겨 먹고 영양소를 골고루 균형 있게 섭취하세요. 우유는 한 컵 이상 꼭 마시도록 하고, 짠 음식은 피하는 것이 좋아요. 무엇보다 긍정적인 마음을 갖는 것, 잊지 마세요!

여러분들은 벌써부터 아기를 어떤 사람으로 키울지 고민이 많으실 텐데요. 똑똑하고 건강하고 긍정적인 아이…… 아, 그리고 또 빠트릴 수 없는 한 가지가 바로 창의성이 있는 아이지요. 그럼 창의성이란 과연 무엇일까요?

"창의성이란 무엇인가요? 설명해주세요."

이런 질문에 여러분은 뭐라고 대답할 건가요? 갑자기 이런 질문을 받는다면 논리적으로 차근차근 제대로 대답할 수 있는 사람은 별로 없을 거예요. 남들이 생각해내지 못하는 새로운 것을 만들어낸다든지 하는 '새로움'과 '창조'와 관련 있다는 건 알지만 창의성이 무엇인지 설명하기란 전문가들도 결코 쉽지 않아요. 그러면 어떤 것을 창의성이라고 하는지 O, X 퀴즈로 알아보도록 해요.

여러분은 어떻게 답했나요? 사실 가장 어려운 문제가 O, X 문제예요. 맞을 확률도 50%, 틀릴 확률도 50%이니까, 확실히 알면 쉽게 답할 수 있지만 대충 알면 틀릴 확률이 더 높답니다. 이제 답을 알아볼까요?

❶ 창의성은 선천적으로 주어진 재능이다.

답은 X. 창의성이란 특별한 사람만 가진 선천적인 지능이나 독특한 성격, 특성이 아니에요. 축복받은 소수의 사람만이 창의적으로 사고할 뿐 보통 사람은 창의력과 별로 관계가 없다는 생각은 신체적 조건이 좋은 몇몇 사람만 달리기를 할 수 있다는 생각과 같습니다. 창의력은 누구나 갖고 있는 천부적인 능력이지만 후천적으로 계발되는 능력이기도 합니다. 어린아

이일 때는 기발한 생각을 해내서 사람들을 놀라게 했지만 어른이 되면서 창의성이라고는 눈곱만큼도 찾아보기 힘든 이들도 많지요. 그래서 아이의 타고난 창의성을 지키고 발전시키는 데에는 부모의 역할이 아주 큽니다. 부모가 먼저 창의적 사고와 태도를 가지는 것이 중요하지요.

❷ 창의성은 조직에서 괴짜이거나 현실에 잘 적응하지 못하는 부류의 사람들이 더 뛰어나다.

답은 X. 별나게 행동하거나 남들과 다르다고 해서 창의적인 것은 아니에요. 새롭고 별나도 유용하지 않으면 창의적인 것이 아닙니다. 기존 질서에 반항함으로써 창의성을 얻을 수 있지만 유용한 결과를 내지 못한다면 진정한 창의성이라고 말할 수 없지요. 창의적 태도는 사사건건 반대하거나 혹은 물고 늘어지거나 무시하는 것이 아니에요. 창의적 사고는 하던 대로 만족하지 않고 '더 낫게' 할 수 없는지를 끊임없이 질문하고 찾아요. 현실에 잘 적응하는 사람들은 기존의 아이디어를 발전시키거나, 건설적인 방향으로 진행시킴으로써 창의성을 발휘할 수 있습니다.

❸ 새로운 아이디어는 어떤 계획에 의해 만들 수 있는 게 아니다.

답은 X. 새로운 아이디어가 우연히 떠오르는 것이라면 이 세상의 모든 아이디어 회의는 신에게 새로운 아이디어를 구하는 제사처럼 바뀌지 않을까요? 예전에는 새로운 아이디어를 신의 계시, 영감의 발현 등으로 우연히 얻는 경우가 많았지만 현재에는 두뇌의 창조적 사고를 자극하는 여러 가지 다양한 기법을 사용하여 얻지요. 매일 새로운 아이디어를 쥐어짜야 하는 광고인, 디자이너 등은 브레인스토밍brainstorming, 마인드맵mind-map, 변형적 사고법인 스캠퍼SCAMPER, 강제 연결법 등 체계적인 아이디어 발상법을 사용해서 아이디어를 얻어냅니다.

❹ 자유로운 분위기와 환경, 원활한 커뮤니케이션이 있으면 창의적 사고가 가능하다.

답은 X. 실수나 잘못에 대한 공포가 창의성에 따른 위험을 꺼리도록 하기 때문에 이것을 없애주면 창의적이 될 수 있다고 생각할 수도 있어요. 물론 자유로운 분위기와 원활한 커뮤니케이션을 통해 자연적인 창의성이 나올 수도 있지만, 사람의 뇌는 편안한 상태에 안주하려는 경향이 강하기 때문에 자유로운 분위기가 뇌를 창의적으로 만들지는 못해요. 자동차를 마음껏 운전할 수 있는 여건을 마련해주는 것만으로 훌륭한 운전사가 나오길 기대할 수 없는 것과 같지요.

❺ 창의성을 발휘하는 데에 어느 정도의 전문 지식은 필요하지만 너무 많은 지식은 오히려 창의성을 저해할 수도 있다.

답은 X. 창의적인 사고는 관련 분야에 대한 엄청난 양의 배경 지식을 바탕으로 해요. 그냥 벼락처럼 떠오르는 것이 아니라 관련 분야에 대해 끊임없이 지식과 경험을 탐색하고 나서야 창의성이 나옵니다. 단, 많은 지식을 맹신하여 무비판적으로 받아들이고 깊은 이해 없이 글자 그대로만 적용한

다면 창의성을 저해할 수도 있어요.

오늘날 교육의 화두는 창의성이에요. 21세기 정보화 사회에서는 정보를 머릿속에 기억하기보다 주변에 널려 있는 정보를 토대로 새로운 뭔가를 만들어내는 능력이 강조되고 있어요. 미래학자인 피터 드러커Peter Ferdinand Drucker는 "창의적인 지식이 없는 나라는 망하게 될 것"이라며 미래의 세계는 창의성을 가진 인재가 이끌어나가게 되리라고 예언했어요.

그런데 우리는 창의성에 대해 무엇을 알고 있나요? 창의성이 중요한 건 알겠는데 말입니다. 창의성에 대해 잘 모르면서 그저 필요하다니까 무조건 기르려고 하지 않았나 하는 생각이 듭니다. 창의성을 기르는 데 이런 교육 방법이 좋다, 저런 교재가 좋다, 이런 음식이 좋다 하는 소리에만 관심을 기울이지 말고, 창의성이 무엇인지 제대로 아는 것이 올바른 첫걸음입니다.

다중 지능을 인정해야 행복한 아이를 만든다

아직 태아는 너무 작아 초음파로도 볼 수 없지만 탯줄이 발달하기 시작해요. 태아 주위에는 밤송이 같은 부드러운 섬모 조직이 둘러싸고 있는데 이 조직이 자궁 내에 축적된 양분을 흡수하고 태아에게 운반해주는 역할을 해요. 이것이 바로 태반의 기초가 되지요. 입덧하기 시작한 엄마라면 증상을 완화시키는 달걀, 대두, 녹황색 채소, 현미 등을 드세요. 명상을 통해 긴장을 풀고 편안하게 기분을 전환하는 것도 좋은 방법이에요.

이제는 아기가 생긴 걸 검사를 통해 확인할 수 있어요. 기쁨과 신비로움이 가득한 느낌일 거예요. 어떤 아이가 태어날지 너무도 궁금하고요. 벌써부터 생각은 아이가 학교에 다니는 데까지 멀리 상상의 날개를 펴게 되죠.

아직 태아일 뿐이라 학교생활을 상상하기는 어려울 테니 동물들의 학교생활 이야기로 대신해볼까요? 동물들이 학교를 다닌다면 어떤 일이 생길까요? 어떤 과목을 배우고 어떤 동물이 제일 성적이 좋을까요? 교육학자 리브스R. H. Reeves 박사의 동물 학교 이야기를 소개할게요.

　　교육 현실을 빗대어 말하는, 재미있지만 씁쓸한 이야기입니다. 동물마다 잘하는 것이 다르듯이 사람들도 제각기 잘하는 것이 다릅니다. 공부는 못하지만 달리기는 누구보다도 잘하는 사람, 노래는 잘 부르지만 그림은 못 그리는 사람, 유난히 친구들과 잘 지내는 사람 등 사람마다 가지고 있는 강점이 다르지요. 하지만 학교에서는 모든 것을 '성적'이라는 잣대로 재기 때문에 각자의 강점은 무시되고 그저 점수에 따라 한 줄로 세워질 뿐이지요.

IQ만을 지능으로 인정하던 기존의 학설을 깨뜨리고, 학교에서 인정되지 않았던 사람마다 다른 강점을 지능 영역으로 끌어들인 이론이 있어요. 바로 하버드대학교 심리학과 하워드 가드너Howard Gardner 교수의 다중 지능Multiple intelligences 이론입니다. 하버드대학교 심리학과에는 연구 영역에 제한을 두지 않고 인간 지능에 대해 연구하는 '프로젝트 제로Project Zero 연구소'가 있어요. 처음에는 인간의 예술적·창의적 능력 발달 과정에 대한 연구로 시작했지만 영역을 넓혀 리더십, 창의성 등 인간의 정신 능력을 연구하고 있지요. 이 프로젝트의 책임 연구자였던 하워드 가드너는 프로젝트 제로가 도출해낸 광범위한 결과들을 '다중 지능'이라는 개념으로 이론화했어요.

가드너는 기존의 문화가 지능을 너무 좁게 해석하고 있다면서 인간의 지능은 IQ로 대표되는 단일한 능력이 아니라 다수의 능력으로 구성되고 있다고 주장해요. 가드너가 제시한 인간의 지능은 다음의 일곱 가지입니다.

❶ 음악적 지능

모차르트Wolfgang Amadeus Mozart와 같은 뛰어난 음악가들은 음악적 능력을 가지고 있다고 봅니다. 이들은 음악적 소리, 리듬, 진동과 같은 음의 세계에 민감하고, 사람의 목소리와 같은 언어적인 형태의 소리뿐만 아니라 비언어적 소리에도 예민해요.

❷ 신체 – 운동적 지능

스포츠 스타들은 보통 사람과는 다른 몸뿐만 아니라 놀라운 운동신경까지 가지고 있어요. 신체-운동적 지능은 운동과 균형, 민첩성, 태도 등을 조절할 수 있는 능력을 나타냅니다.

❸ 논리 – 수학적 지능

기존 지능의 핵심으로 간주되어왔고, 유럽 학자들이 인지적 능력으로서 가장 중요시한 능력입니다. 논리-수학적 지능은 논리적 문제나 방정식을 풀어가는 정신적 과정에 관한 능력으로 때에 따라서는 언어 사용이 요구되지 않아요.

❹ 언어적 지능

단어의 소리, 리듬, 의미에 대한 감수성이나 언어의 다른 기능에 대한 민감성 등과 관련된 능력이에요. 언어적 지능이 높은 사람은 토론 학습 시간에 두각을 나타내며 유머러스하고, 말 잇기 게임, 낱말 맞추기 등을 잘해요. 다양한 단어를 잘 활용하여 말을 잘하는 달변가가 많아요.

❺ 공간적 지능

시공간적 세계를 정확하게 인지하는 능력과 건축가, 미술가, 발명가 등과 같이 3차원의 세계를 잘 변형시키는 능력이에요. 공간적 지능은 색깔, 선, 모양, 형태, 공간, 그리고 이런 요소들 사이의 관계에 대한 민감성과 관련 있어요. 공간적 지능이 높은 사람은 처음 방문한 곳도 다시 찾아가는 데별 어려움을 느끼지 않으며 시공간적 아이디어들을 도표, 지도, 그림 등으로 잘 나타냅니다.

❻ 대인관계 지능

다른 사람들과 교류하고, 그들의 행동을 이해하고 해석하는 능력이에요. 대인관계 지능이 뛰어난 사람은 친구들을 많이 사귑니다. 유능한 정치인, 지도자, 성직자 들 중에는 대인관계 지능이 우수한 사람들이 많아요.

❼ 자기이해 지능

자기 자신을 이해하고 느낄 수 있는 인지적 능력을 말해요. 자신이 누구인가, 자신은 어떤 감정을 가졌는가, 왜 이렇게 행동하는가 등과 같은 자기 존재에 대해 이해하는 것이에요. 자기이해 지능이 높은 사람은 자기 존중감, 자기 향상self-enhancement 등이 강해요.

아직은 초기 단계에 있는 다중 지능 이론이기에, 그 이외에 있을 수 있는 다른 지능을 결코 배제하지는 않고 있어요. 최근에는 여덟 번째 지능인 자연탐구 지능Naturalist Intelligence을 새롭게 목록에 첨가했고, 아홉 번째로 실존적 지능Existential Intelligence을 제기하기도 했지만, 아직 널리 인정되지는 않고 있어요.

다중 지능 이론은 IQ로 대표되던 논리–수학적 지능 외에 다른 지능을 인정하고 있어요. 즉, 여덟 가지 지능이 여러 가지 복잡한 방식으로 함께 작용하여 독특한 한 사람을 형성하며 사람마다 강점을 가지는 지능이 있다고 이야기해요. 다중 지능 이론은 개개인이 가진 독특한 지능을 발휘할 수 있도록 다양하고 풍부한 방법을 추구해요. 뿐만 아니라 각 지능들 사이의 관계를 통한 지능 향상 방법을 추구하지요. 동물 학교로 바꾸어 말하면 달리기, 오르기, 날기, 수영만을 가르치는 것이 아니라 두더지의 땅파기도 교과목으로 가르쳐야 하는 거예요. 달리기를 잘하는 토끼는 수영 때문에 스트레스를 받지 말고 오히려 달리기 연습을 더해서 더 좋은 기록을 세우도록 유도해야 한다는 것이지요.

다중 지능 이론은 단 하나의 기준으로 개인의 능력을 재지 않고 다양한 관점에서 있는 그대로의 모습을 수용하게 도와줘요. '난 공부를 못해'가 아니라 '난 공부는 못하지만 다른 사람과 잘 어울릴 수 있어. 대인관계 지능이 높아'라고 자신을 긍정적인 눈으로 바라보게 해줍니다. 이렇게 아이가 자신의 강점을 파악하면 인생을 살아가는 데 큰 힘이 돼요. 본래 아이가 잘해낼 수 있는 분야라면 '남들만큼' 해도 '남들보다' 훌륭한 성과를 낼 가능성이 높아지기 마련이에요. 한 분야에서 거둔 자신감은 자신의 약점을 보완하려는 노력으로 자연스럽게 이어지게 되고요.

앞에서 이야기한 동물 학교를 가장 우수한 성적으로 졸업한 동물은 누구일까요? 수영, 달리기와 오르기, 날기에 모두 뛰어난 동물이어야 될 텐데 그런 동물이 있을까요? 결국 수영을 잘하고, 달리기와 오르기, 날기도 약간씩 할 줄 알았던 비정상적인 뱀장어가 가장 높은 평균 점수를 받아 학기말에 졸업생 대표가 되었다고 합니다.

다양성을 인정하지 않는 획일적인 교육이 어떤 결과를 낳는지 동물 학교 이야기가 잘 보여줍니다. 우리나라 부모들이 세상 어떤 나라 부모보다 훨씬 많은 교육비를 쏟아붓는 이유는 아이들이 공부를 잘해서 좋은 학교를 나와 안정적인 직장을 잡아서 '행복하게' 살기를 바라기 때문이에요. 그

런데 '행복한 삶'이란 무엇일까요? 남들이 선망하는, 혹은 돈을 잘 버는 직업보다 '아이가 본래 잘할 수 있고 타고난 지능을 발휘할 수 있는 전공이나 일'을 선택한다면 그것이 곧 행복한 삶의 밑거름이 되지 않을까요? 우리 아이들을 특별히 뒤지는 과목이 없는 뱀장어로 만들 것인지, 아니면 저마다 지닌 독특한 재능을 인정해주고 키워갈 것인지 생각해봤으면 좋겠습니다.

제2장
뇌
2개월(5주~8주)

이제 초음파로 태아의 모습을 볼 수 있어요. 태아는 심장, 간장, 위 등의 장기가 형성되기 시작해요. 그러므로 태아의 심장과 각 기관을 만드는 데 필수 영양소인 엽산과 아연을 충분히 섭취하세요. 그중 엽산은 임신부의 빈혈을 예방하고 식욕을 증진시키며 진통 작용도 합니다. 입덧이 없는 엄마라면 과식을 주의하세요. 임신 전과 비교했을 때 추가로 필요한 칼로리는 150~350kcal 정도에 불과하니까요.

우리 몸속에 있는 기관 중에 다음과 같은 특징을 가진 기관은 무엇인지 한번 맞춰보세요. 고기 두 근(1,200g)보다 약간 더 무게가 나가고, 만져보면 삶은 달걀처럼 부드럽고 연하며 80%는 수분으로 이루어져 있어요. 몸속에 있는 산소와 당분의 4분의 1을 사용하는 아주 욕심 많은 기관이지요. 쭈글쭈글 주름진 모양은 물론, 단단한 껍질로 둘러싸여 있는 모양도 호두와 비슷해요. 이 기관은 무엇일까요?

예, 바로 '뇌'이지요. 뇌는 무게로는 몸무게의 약 2% 정도를 차지하는 작은 기관이지만 몸속 양분과 산소를 25%나 사용하는 우리 몸의 핵심이에요. 뇌에는 수백만 개의 뉴런이 모여 형성된 뇌세포들이 있고, 이 뇌세포들이 서로 연결되어 회로를 만들어요. 그런데 이 두뇌 회로는 각 사람마다 모두 달라요. 1,000명의 사람이 있다면 1,000가지의 두뇌 연결회로가 있는 셈이지요. 사람의 뇌는 흔히 일컫는 '미운 세 살'과 '무서운 10대'의 시기에 폭발적으로 성장해요. 이때 모든 아이들의 뇌는 서로 다른 부위가 서로 다른 속도로 발달해요. 어떤 아이는 운동을 잘하는 쪽으로 뇌가 발달하고, 어떤 아이는 말을 유창하게 잘하게 되고, 또 어떤 아이는 음악적 재능을 보여주는 등, 뇌의 발달 부분이 각기 다르면 재능을 보이는 영역도 다르기 마련이에요.

이런 뇌의 특징을 고려하면 다른 아이와 우리 아이를 비교하는 일은 어리석다는 생각이 들어요. 운동신경이 발달한 아이라면 좀 더 일찍 기거나 걸을 것이고, 언어를 다루는 두정엽이 발달한 아이는 남들보다 빨리 말할 것입니다. 엄마들은 자신의 아이가 남들보다 빠르면 우쭐해하고 느리면 조급해져서 아이의 두뇌를 빨리 발달시킨다는 여러 학습 방법과 음식 등을 찾아요. 하지만 우리 아이들의 뇌는 각자 서로 다른 시기에, 다른 깊이로, 다른 분야를 이해해요. 마치 철마다 다른 꽃이 피어 산과 들에 아름답게 옷을 입히듯이 말이에요. 우리 아이가 자라가는 속도를 다른 아이와 비교하면서 조급해하지 말고 아이가 자신만의 성장 속도에 맞춰 잘 자랄 수 있도록 지켜보는 여유로움이 필요해요.

우리 뇌의 특징을 좀 더 살펴볼까요? 우리의 기억력은 어떤 순간에는 놀라운 능력을 보이지만, 어떤 순간에는 끊임없이 우리를 실망시킵니다. 우리는 20년 전, 학교 기말고사에 나왔던 수학 문제를 기억하고, 즐거웠던 운동회에 싸갔던 도시락과 그 냄새까지도 기억하며, 유치원 때 찍었던 사진

속 옆자리의 친구 이름을 기억하기도 해요. 하지만 방금까지 찾던 물건이 무엇이었는지 잊어버리기도 하고, 이야기 도중 바로 앞에 앉아 있는 상대방의 이름이 혀끝에서 맴돌기도 합니다. 왜 우리의 기억은 이렇게 뒤죽박죽일까요? 왜 어떤 때는 컴퓨터보다 더 정확하고 뛰어난 듯하지만, 또 어떤 때는 전혀 비교가 안 될 정도로 허술할까요?

컴퓨터는 전 세계 나라들의 위치, 모든 영어 단어의 뜻, 어제 한 업무와 앞으로 할 일 등을 한 치의 오차도 없이 저장하고 있어요. 하지만 우리의 기억력은 전 세계 나라들의 이름조차 다 기억하지 못할뿐더러 영어 단어는 수십 번 외워도 잊어버리기 일쑤입니다. 컴퓨터의 기억이 훌륭하게 작동하는 까닭은 정보가 거대한 지도처럼 조직되도록 프로그램화되어서이지요. 컴퓨터의 데이터베이스에 있는 모든 항목은 고유한 위치 또는 '주소'를 가지고 있어요. 이런 체계에서는 특정 기억을 인출하려면 그냥 해당 주소를 찾아가기만 하면 돼요.

그러나 사람의 기억은 그렇게 간단하고 정확하지 않아요. 사람의 경우에는 기억의 한 자락이 정확히 어디에 저장되어 있는지 거의 알 수 없어요. 우리는 일종의 '맥락기억Contextual memory'을 지니고 있어요. 어릴 적 다니던 초등학교를 찾아갔더니 그 당시 일들이 마치 어제 일처럼 떠올랐던 경험이 있으실 거예요. 교실 뒤편에 붙어 있는 아이들의 그림을 보면 여러 가지 기억이 실타래가 풀리듯이 술술 풀려나옵니다. 그 교실에서 공부할 때, 선생님께 칭찬받은 그림이 교실 뒤편 어디에 붙어 있었는지, 무엇을 그린 그림이었는지, 그날 날씨는 어땠는지 등 당시의 상황이 함께 기억납니다.

    우리는 어떤 기억을 끄집어내기 위해서 맥락이나 단서를 사용하기 때문이에요. 예를 들어 TV에 나오는 배우의 이름이 기억나지 않을 때는 그가 출연한 영화를 떠올리거나 그의 성을 누군가가 얘기해준다면 쉽게 기억납니다. 우리의 맥락기억에도 장점이 있어요. 컴퓨터는 모든 기억을 똑같은 순위로 취급하지만, 우리의 맥락기억은 기억의 우선순위를 매겨요. 그래서 자주 일어나는 것, 우리가 최근에 필요로 했던 것, 지금과 비슷한 상황에서 이전에 중요했던 것 등 제일 유용할 가능성이 큰 정보를 가장 빨리 머릿속으로 불러내지요.

    그런데 이 맥락기억에서 감정은 매우 중요한 역할을 해요. 기분이 좋을 때의 기억은 우선순위가 높아요. 즉, 즐겁게 공부하면 기억도 잘되고 오랫

동안 기억되지만, 하기 싫다는 부정적인 감정을 가진 채 하는 공부는 시간만 낭비할 뿐 기억에 잘 남지 않아요. 즐겁고 긍정적인 두뇌는 새로운 정보를 잘 받아들이고 기억도 잘해요. 유대인 부모들은 아이에게 글을 처음 가르칠 때, 글자에 꿀을 발라놓고 먹게 한대요. 글을 배우는 것이 달콤한 꿀을 먹는 것과 같은 경험임을 가르쳐 학습과 즐거움을 하나로 여기도록 하는 지혜가 숨겨져 있지요.

흔히 나이가 들면 두뇌 신경세포가 점점 줄어들어서 기억력도 나빠지고 판단력도 떨어진다고 생각해요. 하지만 실제로 대부분의 두뇌는 정상 환경에서 그렇게 빨리 늙어가지 않아요. 우리의 두뇌 역시 우리 몸의 근육처럼 작동하기 때문에, 많이 쓰는 부위일수록 커지고 복잡해지면서 더욱 발달해요. 오랜 시간 현악기를 연주해온 사람과 수학 통계를 연구해온 사람은 뇌의 발달 부위가 다를 수 있고, 이전에 쓰지 않던 두뇌 영역도 많이 쓰는 훈련을 하면 발달하게 됩니다. 학창 시절에 수학을 못하던 사람이더라도 숫자에 좀 더 신경 써서 바둑, 체스, 스도쿠 등 논리적 게임을 하고 퍼즐을 푸는 등의 노력을 한다면 수학을 즐길 정도로 실력이 늘어날 수 있어요.

이렇게 해서 두뇌의 특징 세 가지를 알아보았습니다. 첫째, 모든 사람의 뇌는 각기 다르고 서로 다른 부위가 서로 다른 속도로 발달해요. 둘째, 즐겁고 긍정적인 두뇌는 새로운 정보를 잘 받아들이고 기억도 잘해요. 셋째, 두뇌 역시 근육처럼 많이 쓰면 발달해요.

이 특징에 근거해서 긍정적인 마음으로 창의적인 생각을 많이 하면 우리의 창의성이 증가할 거라는 결론을 내릴 수 있겠지요?

6주 오른쪽 뇌와 왼쪽 뇌의 비밀

엄마와 태아를 연결하는 태반과 탯줄도 점점 발달하여 초음파를 통해 태아의 심장 박동을 확인할 수 있어요. 혹시 태아의 심장 박동이 잡히지 않는다면 일주일 후에 재검사를 해야 해요. 이때 엄마는 일찍 자고 일찍 일어남으로써 태아에게 규칙적인 리듬감을 느끼게 해주세요. 이 시기에는 휴식을 취한다며 하루 종일 누워 있지 말고, 산책 등을 주로 해서 신선한 산소가 태아에게 전달되도록 해주세요.

이제 태아의 뇌가 폭발적으로 자라서 80% 정도나 만들어졌어요. 이렇게 자란 뇌가 아이의 행동에도 여러 가지 영향을 미친다니 재미있지 않나요? 그건 뇌가 각각 다른 역할을 하는 오른쪽과 왼쪽으로 나뉘어 활동하기 때문이에요. 평소에는 인식하지 못하는 여러분의 행동을 살펴보면 금세 알 수 있을 거예요. 다음의 질문을 보세요.

여러분은 오른손잡이인가요, 왼손잡이인가요?

가만히 서 있다가 앞으로 나갈 때, 내딛는 발이 왼발인가요, 오른발인가요?

누군가 뒤에서 부를 때, 어느 쪽으로 돌아보나요?

우리 몸의 대부분은 두 개로 쌍을 이루고 있어요. 손, 발, 눈, 귀, 그리고 폐와 신장 같은 내부기관들이 그렇지요. 그런데 우리는 이 둘 중 하나를 더 많이 사용한다고 해요. 오른손잡이는 오른손을, 왼손잡이는 왼손을 더 많이 사용하는 것처럼 다른 신체기관도 마찬가지예요. 이렇게 둘 중 어느 한 쪽을 즐겨 쓰는 불균형은 우리의 두뇌에서도 일어납니다. 좌뇌를 선호하여 더 많이 사용하는 사람이 있고, 우뇌를 선호하여 더 많이 사용하는 사람이 있어요.

좌뇌와 우뇌는 서로 다른 일을 해요. 미국의 신경생물학자인 로저 스페리Roger Wolcott Sperry는 인간의 좌뇌와 우뇌가 서로 다른 일을 하며 분화되었다는 것을 실험으로 증명하여, 1981년에 노벨 의학상을 수상했어요. 그가 발견한 좌뇌와 우뇌의 특징을 간단하게 정리하면 다음과 같습니다.

좌뇌	우뇌
단어	시각적·공간적·음악적
분석	직관
순차적 처리	통합적 처리
주도적	수용적
현실적	이상적
계획적	충동적
시간	공간

이성	감성
부분에 관심	전체에 관심
구체적	일반적
나무를 본다	숲을 본다

좌뇌가 발달한 사람은 숲보다 나무를 잘 봅니다. 또한 현실적이고 분석적으로 사물을 관찰하고 일에 대하여 계획을 잘 세우며 체계적으로 일을 하나하나 처리하는 경향이 있어요. 이에 반해, 우뇌가 발달한 사람은 나무보다는 숲을 봅니다. 이런 사람들은 직관적이고 전체적으로 사물을 관찰하며, 큰 시야로 사물을 보고 일이 돌아가는 전체 그림을 그리길 좋아해요. 일에 대하여 구체적으로 하나하나 처리하기보다는 전체적으로 보면서 통합적으로 여러 가지를 동시에 처리하려는 경향이 있어요.

여러분은 좌뇌가 발달했나요, 우뇌가 발달했나요? 위에서 정리한 특징을 보고 잘 모르겠다면 간단한 테스트를 통해 알아봅시다.

● **좌뇌 우뇌 테스트**

다음 글자의 색깔을 읽어보세요. 글자를 읽는 게 아니라 글자의 색깔을 읽어야 합니다.

빨강 파랑 초록 노랑 검정 빨강 파랑 초록 노랑 검정
빨강 파랑 초록 노랑 검정 빨강 파랑 초록 노랑 검정
빨강 파랑 초록 노랑 검정 빨강 파랑 초록 노랑 검정
빨강 파랑 초록 노랑 검정 빨강 파랑 초록 노랑 검정
빨강 파랑 초록 노랑 검정 빨강 파랑 초록 노랑 검정
빨강 파랑 초록 노랑 검정 빨강 파랑 초록 노랑 검정
빨강 파랑 초록 노랑 검정 빨강 파랑 초록 노랑 검정

글자의 색깔을 어렵지 않게 읽을 수 있다면 우뇌형이고, 색깔을 말해야
하는데 자꾸 글자에 집착하게 되어 어려움을 겪는다면 좌뇌형이에요.

왼쪽 그림에서 강아지를, 오른쪽 그림에서 사람을 찾아보세요.

아무리 쳐다봐도 강아지와 사람을 찾지 못하겠다는 분도 계실 겁니다. 반면에 '이거 강아지랑 비슷한데?' '이거 사람 얼굴이랑 비슷하네?' 하며 쉽게 찾아내는 분도 계실 거고요. 그림 속에 강아지와 사람은 구체적이고 명확하게 그려져 있지 않아요. 전체적인 시각을 갖는 우뇌형은 엄밀하게 답을 찾기보다, 정확도는 떨어지더라도 비슷하게라도 일치하면 답을 인정하는 편이에요. 그래서 쉽게 강아지와 얼굴을 찾아내지요. 반면 좌뇌형은 판단을 내릴 때, 구체적인 증거를 찾으려는 경향이 강하기 때문에 쉽게 찾지 못하며 답을 제시해도 잘 인정하지 못하는 편이에요.

답은 다음과 같습니다.

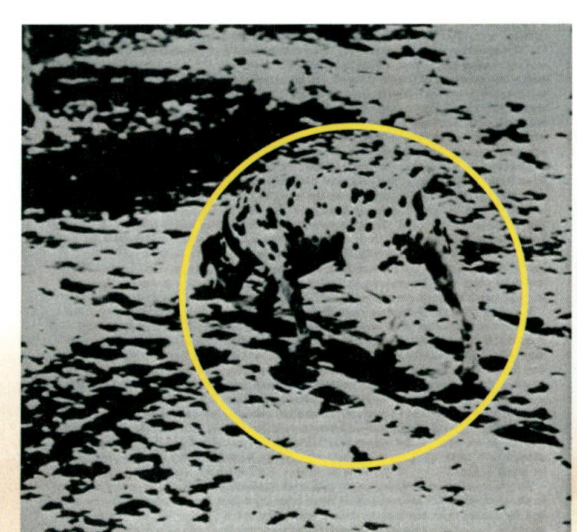

세계적인 스타 CEO인 마이크로소프트의 빌 게이츠와 애플Apple의 스티브 잡스Steve Jobs는 각각 좌뇌형과 우뇌형의 대표 선수라고 할 수 있어요. 빌 게이츠는 생활에 필요한 소프트웨어를 만들며 기능에 초점을 맞춘 제품을 만들었어요. 반면, 스티브 잡스는 컴퓨터 그래픽으로 애니메이션을 만들고 디자인과 감성적인 어필에 주력한 아이팟iPod, 아이폰iPhone과 같은 혁신적인 제품으로 큰 성공을 거두고 있지요.

한국의 대표적인 기업인 삼성과 현대도 좌뇌형인 이병철 회장과 우뇌형인 정주영 회장의 개인적인 성향이 반영된 기업문화를 갖고 있어요. 철저한 계산과 합리적인 이윤 추구를 하는 삼성과 긍정적인 마인드로 도전과 성취를 일구는 현대의 문화는 창업자의 좌뇌형 성격과 우뇌형 성격을 반영한 것이라고 볼 수 있어요.

좌뇌가 발달한 사람이 있는 반면, 우뇌가 발달한 사람도 있어요. 물론 좌뇌와 우뇌가 모두 발달한 사람도 있을 테지요. 그러나 선호도의 측면에서 보면, 좌뇌와 우뇌를 선호한다는 것은 오른손잡이와 왼손잡이처럼 잘 사용하고 못 사용하고의 문제가 아니라 어떤 것을 더 좋아하는가의 문제예요. 두뇌의 선호도는 자연스러운 것이며 당연한 것입니다. 내가 선호하는 두뇌가 어느 쪽인지 알면 나 자신을 이해하기가 더 쉬워져요. 자신의 강점과 약점을 이성적으로 분석할 수 있게 되지요.

일반적으로 남성은 좌뇌가 발달한 사람이 많고, 여성은 우뇌가 발달한 사람이 많다고 해요. 그래서 뇌의 선호도가 서로 다른 남자와 여자가 결혼하면 좌뇌와 우뇌를 함께 쓰는 균형 잡힌 상태가 되는 것입니다. 앞의 좌뇌 우뇌 테스트를 부부가 함께해보세요. 아마 서로 엇갈리는 경우가 대부분일 거예요. 부부는 서로에게 부족한 부분을 채워주는 가장 좋은 짝이라는 것을 알 수 있을 겁니다.

7주 생각의 틀을 바꾸기 전에 감정의 틀을 바꾸자

임신 7주가 되면 태아는 사람의 형태를 갖춘 2등신이 되지요. 손가락과 발가락이 생기고 아주 희미하지만 눈, 코, 귀, 입 등도 커져요. 성별을 가리기는 힘들지만 난소와 고환이 될 조직도 나타나요. 엄마는 임신 호르몬의 영향으로 장의 움직임이 둔해져 변비에 걸리기 쉬워져요. 이 시기에는 단백질과 칼슘이 많이 든 음식을 충분히 섭취하세요. 태아의 뇌세포가 급속히 증가하는 때이므로 꼭 챙겨 먹어야 해요.

아기의 몸이 2등신이긴 하지만 사람의 형태를 띠기 시작했네요. 몸이 단계별로 자라듯이 아기의 뇌도 단계별로 성장하게 돼요.

지난주의 이야기에서는 뇌를 왼쪽 뇌와 오른쪽 뇌, 두 가지로 나누어 알아보았어요. 이번에는 뇌를 발달 순서에 따라 3단계로 나누어 살펴보려고 합니다. 생물이 진화를 이룬 것처럼 사람의 뇌도 진화의 단계를 따라서 3단계의 층으로 이루어졌다고 해요.

사람의 뇌를 크게 파충류의 뇌, 변연계, 대뇌 신피질로 구분한다고 해요. 뇌의 가장 안쪽에 있는 '파충류의 뇌'는 생존 본능을 담당하는 뇌라는군요. 숨 쉬고, 심장의 맥박을 뛰게 하고, 소화기관을 움직이고, 위협에 반응하며, 눈을 깜빡이는 등 우리의 신체가 살아 있게 하는 데 기본적인 기능을 맡은 뇌이지요. 이 파충류의 뇌는 동물의 진화 과정에서 가장 먼저 발달한 뇌로, 악어나 개구리 같은 파충류에게도 있다고 해요.

다음은 파충류의 뇌보다 늦게 진화한 포유류의 뇌라 불리는 '변연계'입니다. 변연계는 인간의 감정을 담당해요. 기쁨, 슬픔, 행복, 질투, 미움, 사랑 등의 감정은 변연계의 활동으로 나타나는 결과인데, 개, 고양이, 원숭이 같은 포유류 동물들만 변연계를 가지고 있어요. 특히 사람은 포유류 중에서도 고등 동물에 속하므로 변연계가 잘 발달해 있어요. 침팬지나 오랑우탄, 고릴라, 원숭이 등 유인원도 인간 못지않게 변연계가 발달해 있어서 자식과 배우자를 아끼고 사랑하는 마음은 사람과 같다고 합니다.

마지막으로 소개할 대뇌 신피질은 인간의 이성을 담당해요. 이 뇌는 사

람에게만 있으며 우리 뇌의 거의 대부분인 85%를 차지해요. 대뇌 신피질은 언어, 학습, 기억 등 복합적 사고를 담당하여 사고력, 판단력, 창조력 등 인간적인 능력을 지니게 하는 뇌이지요. 창의성과 직접적으로 관련된 뇌가 바로 대뇌 신피질이에요.

이렇게 사람의 뇌에는 본능과 감정, 이성이 함께 담겨 있습니다. 평소에는 이성이 본능과 감정을 통제하지만, 생명을 위협하는 긴급 상황에는 이성을 차단하고 본능이 통제해요. 그래서 위험한 순간에 초인적인 힘을 발휘하는 등 도저히 설명되지 않는 행동이 나오기도 합니다.

여기까지 읽은 다음엔 창의성을 키우는 데 관심 있는 사람이라면 '아하! 대뇌 신피질을 자극하고 계발시키면 되겠구나!'라고 생각하게 될 거예요. 사실 창의성은 기존에 생각하던 방식을 버리고 관점을 전환하여 새로운 시각으로 사물을 바라보면서 새로운 생각을 하자는 것이라고 간단하게 말할 수 있어요. 빛의 속도로 변화하는 21세기의 세상 속에서 살아가기 위해서는 고정관념의 틀을 깨고 새로운 생각을 만들어내고 받아들이는 것이 굉장히 필요하고 중요해요. 그런데 사실 생각의 틀을 깨는 것보다 더 중요하고 실질적인 것은 감정의 틀을 깨는 것이에요.

생각의 틀을 깨고 고정관념에서 벗어나는 것이 중요하다면서도 그것을 실천하는 사람은 많지 않아요. 그 이유는 사람들이 합리적인 사고를 하지 못해서가 아니에요. 논리적이고 분석적이며 아이디어가 많은 사람이라도 감정의 틀에 얽매인 사람은 자신의 고정관념을 결코 바꾸지 못해요.

사실 합리적인 사고를 키우는 것은 훈련으로 가능하기 때문에 나이가 들어가고 경험이 쌓이면서 어렵지 않게 합리적이고 논리적인 사고를 하게 됩니다. 또한 사람마다 자신에게 필요한 만큼의 합리성은 대개 가지고 있지요. 하지만 자기감정을 자신도 잘 모르는 경우가 많습니다. 자기감정을 잘 모르기 때문에 감정의 틀을 바꾸기란 쉽지 않아요. 그래서 새로운 시각을 갖고 싶은 사람이라면 생각의 틀을 바꾸기보다 자신이 가진 감정의 틀이 어떤 것인지 확인하고 그 틀을 바꿔보려고 의식적으로 노력해야 해요.

사람이 느끼는 감정도 두뇌의 작용이고 생각을 구성하는 매우 중요한 요소예요. 사람은 누구도 감정을 배제하고 생각할 수 없지요. 오히려 감정은 합리적인 생각보다 더 높은 위치에서 합리적인 생각을 조종하는 역할을 해요. 우리가 자주 경험하듯이 내가 싫어하거나 미워하는 사람의 말은 대부분 틀리고 억지가 많아요. 하지만 내가 좋아하는 사람이 하는 말은 남들이 궤변이라고 하더라도 그 뜻을 충분히 이해할 수 있는 경우가 많지요? 내가 하는 많은 합리적인 생각도 내 감정에 의해 조종된 것이 대부분이라는 사실을 깨달아야 해요.

아무리 냉철한 사람이라도 감정을 완전히 배제하고 생각할 수는 없어요. 그래서 보다 합리적으로 생각하기 위해서는 아예 자신의 감정을 배제하고 생각하겠다는 사고를 버리고, 오히려 내 감정은 어떤 이야기를 하고 있는지 객관적으로 판단해야 해요. 자신이 갖고 있는 감정의 틀을 인정하고 그것을 어느 정도 객관화시켜야 하지요. 그래야 감정의 틀에서 자유로울 수 있고 생각의 틀을 바꿀 수 있으니까요.

옛날 그리스인들은 '사람은 심장으로 생각한다'고 믿었대요. 실제로 사람을 많이 해부했던 아리스토텔레스 Aristoteles는 다음과 같이 생각했다고 합니다.

'인간이 동물과 구별되는 가장 중요한 특징은 생각하는 것이다. 그리고 인간의 신체기관 중 가장 중요한 곳은 심장이다.'

아리스토텔레스가 심장을 가장 중요한 신체기관으로 본 이유는 전쟁터에서 심장을 찔린 병사들이 바로 죽는 것을 보았기 때문이라고 합니다. 아무튼 그는 심장이 가장 중요한 신체기관이라고 보았어요. 그래서 그는 다음과 같은 결론을 내렸다고 합니다.

"인간은 가장 중요한 곳으로 가장 중요한 일을 한다. 따라서 인간은 심장으로 생각한다."

아리스토텔레스의 믿음은 갈렌 Galen이란 의사가 새로운 의학책을 쓰기 전까지 매우 오랫동안 사람들에게 받아들여졌어요. 하지만 이제 우리는 생각은 머리로 하는 것임을 알고 있지요. 그런데 아주 우습고 바보 같은 말이지만 어떻게 보면 아직도 아리스토텔레스가 틀리지 않은 것 같다고 생각하게 됩니다. 그의 말을 조금 다르게 해석해볼까요?

"많은 사람들은 심장으로 생각한다. 자신의 감정에 지배당하면서 말이다."

감정의 틀을 깨는 것, 그것이 먼저입니다. 고정관념에서 벗어나고 생각의 틀을 바꾸고 싶다면 말이에요.

8주 양손잡이 뇌의 창의성을 배우자

이제 태아의 원시적인 몸놀림이 시작되어 관찰할 수도 있어요. 태반이 발달하고 탯줄이 될 조직도 생겨나고요. 엄마는 철분이 풍부한 음식을 먹어 태아의 신진대사를 도와야 해요. 철분이 부족하면 엄마에게 빈혈이 생기기도 해요. 철분이 풍부한 음식은 시금치, 간, 굴, 모시조개, 해조류, 깻잎 등이에요. 이제 일주일 단위로 체중 증가표를 작성하여 체중 관리를 하세요. 살이 너무 많이 찌면 임신중독증과 당뇨에 걸릴 확률이 높아지거든요.

배 속 아기의 시각이 형성되면서 엄마가 예쁜 아기 사진 등을 붙여두고 태교를 하는 게 필요한 시기가 되었네요. 먼저 제가 좋아하는 예술 작품을 소개할까 합니다.

이 사진들은 흑백 사진처럼 보이면서도 어딘지 모르게 신비스러운 느낌을 주는데, 일반 사진기가 아닌 엑스레이를 사용하여 찍은 거예요. 감성을 자극하는 예술 작품을 환자 진료에 사용되는 엑스레이를 통해 만들어낸 것이 재미있어요. 빛 대신에 X선을 사용한 이런 사진을 '엑스레이 포토그래피'라고 해요. 이 작품을 보면 생각나는 문제가 하나 있어요. 한번 같이 풀어볼까요?

영국 BBC 방송에서 시청자 퀴즈로 다음과 같은 문제를 냈다고 해요.

'영국에서 프랑스까지 가장 빨리 가는 방법은 무엇일까요?'라고 말이에요. 이에 많은 응모자들이 제트기로 가기, 배를 타고 가기, 영국과 프랑스 간 도버Dover 해협 해저터널을 이용해 유로스타Eurostar로 가기 등등 각양각색의 답을 냈대요. 그런데 방송에서 채택한 정답은 바로 '친구와 함께 가기'였다고 합니다. 친구, 사랑하는 사람과 같이 가면 시간 가는 줄 몰라서 빨리 간다는 재치 있는 답변이지요.

엑스레이 포토그래피와 BBC 시청자 퀴즈에는 공통점이 있어요. 무엇일까요? 엑스레이 포토그래피는 주로 감성적으로 접근하는 예술 작품을 이성, 과학으로 만들어낸 거예요. 또 BBC의 시청자 퀴즈는 과학적이고 합리적인 방법으로 찾아야 할 해답을 감성적으로 접근했고요. 이처럼 참신한 아이디어를 만드는 가장 대표적인 방법은 바로 '반대편을 보는 것'입니다. 모두 이성적으로 좌뇌를 사용한 합리적인 생각을 하고 있을 때, 오히려 우뇌를 사용해서 감성적으로 접근하여 답을 낸 사람이 주목을 받아요.

이 '반대편 접근법'으로 성공을 거둔 사례를 비즈니스에서 찾아볼까요?

천연 다이아몬드는 탄소(C)가 최고로 압축된 형태로, 지구 표면에서 약 150km 아래에 있는 맨틀에서 지표의 3만 배 정도 압력과 400℃의 고온에서 만들어져요. 보통 흑연을 압축하면 다이아몬드를 만들 수 있다는 사실은 알지만 사업성이 떨어지므로 실제 이런 식으로 다이아몬드를 만들지는 않는다고 해요. 만들어진 다이아몬드 가격보다 더 많은 비용이 열과 압력을 가하는 데 들어가기 때문이지요.

하지만 이렇게 사업성이 없는 사업에 뛰어들어 큰 성공을 거둔 회사가 있어요. 바로 '메모리얼 다이아몬드Memorial Diamond'를 만든 스위스의 알고르단자Algordanza란 회사예요. 메모리얼 다이아몬드는 한마디로 사람의 유골로 만든 보석이에요. 고인의 유골분 약 500g(성인 유골분의 25% 정도)을 열처리해 불순물을 제거하고 탄소를 추출한 후, 탄소에 1300℃의 온도와 55Gpa의 압력을 가해 다이아몬드로 만드는 거예요. 사랑하던 이의 뼈로 만든 다이아몬드를 소장하고 싶은 사람들은 이 메모리얼 다이아몬드를 위해 거금도 선뜻 낸다고 하네요.(0.3캐럿: 400만 원~0.7캐럿: 1,300만 원대) 바로 사랑하는 사람과의 추억을 간직하고 싶다는 감성을 이성적인 방법으로 접근한 것이지요. 좌뇌형인 사업가가 봤을 때는 전혀 사업성이 없었던 아이디어지만 우뇌의 감성적인 관점으로 접근하자 멋진 사업이 된 것입니다.

우리가 매일 신고 다니는 신발에서도 이런 사례를 찾아볼 수 있어요. 여름철 피서지를 점령했던 구멍 숭숭 뚫린 색색 가지 못생긴 악어 모양 신발 '크록스Crocs'를 아시나요? 크록스는 메모리얼 다이아몬드와는 달리 감성적 분야를 이성적으로 접근해 성공한 사례예요. 요즈음은 신발들의 품질이

전반적으로 높아지다 보니, 이제 사람들이 신발을 선택할 때는 주로 디자인이나 브랜드 같은 감성적인 측면을 보지요. 하지만 크록스는 '역시 신발은 편해야 한다'는 측면, 즉 기능을 중시하는 이성적인 측면에 초점을 두고 개발된 제품이에요. 자체 개발한 신소재를 사용해서 가볍고, 미끄럼이나 냄새를 방지해주는 그야말로 편하고 쾌적한 신발이에요. 2002년에 대학 동창 세 명이 시작한 이 회사는 2003년 첫해만 120만 달러의 매출을 올렸고, 2006년에는 3억 5,000만 달러라는 경이적인 매출을 올렸어요. 그리고 2007년에는 시가총액 50억 달러에 이르는 등 가파른 성장을 계속하고 있다고 하네요.

이렇게 아이디어를 만드는 단순하면서도 강력한 방법은 나의 반대편에서 기회를 찾아보는 것입니다. 이성적인 측면이 뛰어난 좌뇌형 인간은 감성 쪽을, 감성적인 면이 뛰어난 우뇌형 인간은 이성 쪽을 들여다보는 거예요. 양손잡이가 오른손과 왼손을 모두 쓰듯이 우리의 뇌도 양쪽을 모두 쓰자는 이야기예요.

양쪽 뇌를 잘 쓰기 위해서는 내가 좋아하는 분야, 선호하는 방법만 고집할 것이 아니라 나와 다른 남, 내가 알지 못하는 새로운 분야에도 관심을 기울이는 습관이 필요해요. 오늘, 새로운 분야에 관심을 가져봅시다. 평소 TV 프로그램 채널권을 가지고 남편과 실랑이를 벌였다면, 오늘은 남편이 좋아하는 프로그램을 함께 보는 건 어떨까요? 새로운 분야에 대한 정보도 얻을 수 있고 남편이 그 프로그램을 왜 좋아하는지, 남편을 이해할 수 있는 기회도 될 수 있을 거예요.

제3장

입

3개월(9주~12주)

9주 말의 힘을 살리자

태아는 귀가 발달하기 시작하고 치아 돌기가 형성된답니다. 태아의 귀가 발달하기 시작했으니 좋은 음악을 들으며 마음을 편안히 하는 게 좋아요. 이 시기에는 대부분의 임신부가 입덧을 경험한다고 해요. 입덧의 정확한 원인은 밝혀지지 않았지만 태반에서 나오는 호르몬의 영향 때문으로 추측해요. 입덧 때문에 식사하는 것이 괴롭겠지만 태아의 건강을 생각해서 끼니를 굶지 않도록 하세요.

아기를 가진 엄마들은 매사에 조심해야 하지요. 먹는 음식이나 행동은 물론 듣고 말하는 것까지도 말이에요. 이 모든 것이 배 속의 태아에게 영향을 미친다고 생각하면 함부로 할 수 없겠지요. 그럼, '말'이라는 것이 얼마나 중요한지 한번 생각해볼까요?

아주 오랜 옛날에 사람들은 죄를 많이 지었고, 타락했어요. 하나님께서는 죄를 짓고 타락한 사람들을 물로써 심판하셨지요. 거대한 홍수가 세상을 뒤덮었고, 큰 방주를 지어 홍수에 대비하라는 하나님의 말씀을 그대로 따른 노아의 가족 여덟 명만이 살아남았어요. 대홍수 이후 노아의 후손들은 바빌로니아 땅에 정착하여 도시를 건설해서 살았고, 그들의 사회가 번성했어요. 그러면서 사람들은 신에게 도전하고 싶어졌지요. 인간이 신보다

못할 것이 무엇이냐는 생각을 하기 시작한 거예요. 그래서 사람들은 하늘에 닿는 거대한 탑을 세우기로 했어요. 그것이 바로 바벨탑이에요. 바벨탑이 완성되면 예전처럼 큰 홍수가 세상을 뒤덮어도 살아남을 수 있을 거라고 생각했지요. 하나님께서 무지개를 약속의 징표로 주시면서 다시는 물로 심판하지 않겠다고 약속하셨는데도, 사람들은 하나님의 약속을 믿지 않았던 거예요. 이를 괘씸하게 생각하신 하나님은 사람들의 말을 혼동시켜 탑의 건축이 중단되게 하셨어요. 당시 인류는 같은 말을 사용했지만 그 이후부터 서로 다른 언어를 사용하게 된 거예요.

가끔 언어의 강력한 힘을 생각하게 됩니다. 언어가 없었다면 인류의 문명은 없었을지도 몰라요. 가끔은 언어라는 것이 참 불가사의하다고 생각됩니다. 우리는 서로 각자의 생각을 하는데, 그것을 언어라는 도구로 서로 의사소통을 하며 생각을 나눌 수 있으니 말이에요. 예를 들어, 내가 느끼는 기쁨이나 슬픔 또는 애매한 감정들은 어느 누구도 알 수 없어요. 하지만 사람들은 그런 것들을 언어를 사용하여 자신 이외의 다른 사람에게 전달해요. 그런 일이 가능하다는 것이 가끔은 놀랍기도 하고, 언어를 그만큼 잘 사용해야겠다는 생각이 들기도 해요.

언어는 매우 중요해요. 요즘 같은 정보화 사회에 영어를 잘하는 것이 얼마나 큰 힘이 되는지는 모두 몸으로 느끼실 거예요. 인터넷에서 정보를 찾아도, 한국 사이트만 도는 사람과 영어 사이트를 검색하는 사람은 가진 정보의 차이가 아주 큽니다. 물론 일본이나 프랑스, 독일 같은 나라의 웹사이트를 검색할 수 있는 사람이라면, 자신이 원하는 더 많은 정보를 손쉽게 얻

을 수 있을 거예요.

　언어를 약간 확장하여 생각하면, 그 범위는 훨씬 다양해져요. 예를 들어, 컴퓨터를 생각해볼까요? 컴퓨터는 인간이 시키는 대로 일하는 기계지요. 컴퓨터는 반항하지 않고, 고장 나서 망가질 때까지 시키는 대로 일을 합니다. 하지만 컴퓨터가 아무리 불평, 불만 없이 일을 잘하더라도 많은 사람들은 컴퓨터에게 일을 시키지 못합니다. 왜냐하면 컴퓨터의 언어를 모르기 때문이지요. 컴퓨터와 대화를 하려면 컴퓨터의 언어를 알아야 해요. 프로그래밍을 하려면 C 언어나 java와 같은 프로그래밍 언어를 알아야 하고, 시스템을 움직이려면 시스템 언어를 알아야 해요. 작은 마이크로프로세서를 움직이려면 명령어를 알아야 해요. 기본적으로 기계는 인간이 시키는 대로 해요. 가끔은 에러를 발생시키기도 하지만, 그것 역시 기계가 말을 듣지 않는 것이 아니라 말을 시키는 사람이 앞뒤가 맞지 않는 일을 시켰기 때문이지요.

아무튼 다양한 언어를 배우는 것은 우리에게 힘이 됩니다. 그리고 더 많은 언어를 배우는 것만큼이나 중요한 것이 현재 우리가 하는 말을 더 잘하는 거예요. 말을 잘하는 것이 다른 언어를 하나 더 배우는 것보다 훨씬 더 가치가 있다는 것이 제 생각이에요.

태어나면서 그냥 저절로 말을 잘하는 사람은 없어요. 말을 잘하는 데도 훈련이 필요하지요. 그럼, 어떻게 말을 배워야 할까요? 말하는 기술을 배운다고 하면 다음과 같은 말하기 훈련을 생각하실지도 모릅니다.

다음을 빠른 속도로 따라 해보세요.

- 경찰청 쇠창살.

- 간장 공장 공장장은 강 공장장이냐? 장 공장장이냐?

- 들의 콩깍지는 깐 콩깍지인가 안 깐 콩깍지인가. 깐 콩깍지면 어떻고 안 깐 콩깍지면 어떠랴? 깐 콩깍지나 안 깐 콩깍지나 콩깍지는 다 콩깍지인데.

- 저분은 백 법학 박사이고, 이분은 박 법학 박사이다.

- 상표 붙인 큰 깡통은 깐 깡통인가? 안 깐 깡통인가?

- 서울특별시 특허 허가과 허가과장 허과장

이런 훈련은 TV 아나운서가 되려는 사람들이나, 그와 비슷한 일을 하려는 사람들에게 필요하지요. 물론 상황에 따라서는 발음을 정확하게 하거나 빠른 속도로 말하는 것도 필요하지만, 기본적으로 우리는 어떤 내용을 말해야 할 것인가를 배워야 해요. 상황에 맞게 적절한 단어와 표현을 써야 하는데, 예절에 맞게 경어를 쓰면서도 사람의 마음을 후벼 파는 독설이 될 수도 있어요. 형식보다는 내용이 중요해요. 말은 생명력이 있어 사람을 살리기도 하고 죽이기도 합니다. 진정 사람을 살리는 말은 듣기 좋은 매끄러운 말이 아니라 상대의 인격을 존중하는 마음에서 시작된 따뜻한 말이에요.

옛날 두 양반이 백정에게 고기를 사러 갔어요. 한 양반은 "만덕아! 고기 한 근 다오"라고 했고 또 다른 양반은 "김 서방, 고기 한 근 주게"라고 했어요. 그런데 두 양반이 받은 고기 양은 누가 봐도 다를 만큼 차이가 났어요. 적은 고기를 받은 양반이 화가 나서 따져 물었답니다. "같은 한 근인데 내 것은 왜 이렇게 적으냐?" 했더니 이런 대답이 돌아왔답니다. "이것은 만덕이가 자른 것이고 저것은 김 서방이 자른 것이니까요." 이처럼 상대의 인격을 존중하는 말은 기분 좋은 결과를 이끌어냅니다.

오늘, 나의 말은 어떤지 살펴봅시다. 나 스스로에게 어떤 말을 건네고 있는지, 가장 가까운 나의 가족에게 건네는 말에 사랑과 존경이 담겨 있는지 살펴보세요. 말이 가진 강력한 힘을 좋은 쪽으로 이용하고 있는지, 나쁜 쪽으로 이용하고 있는지 말입니다.

시, 창의성을 만드는 은유

태아는 물고기의 꼬리 같은 부분이 점차 없어지며 몸은 곧게 펴지고 길어져요. 엄마는 자궁이 주먹 크기 정도로 커져 방광과 직장을 압박하므로 소변보는 횟수가 잦아져요. 여전히 입덧이 심하다면 생강차나 생강과자 등을 먹어보세요. 민간요법이긴 하지만 도움이 될 수도 있어요. 무엇보다 유산할 위험이 있는 시기이므로 매사에 조심하시길 당부 드릴게요. 장거리 여행, 과격한 운동이나 일, 또는 무거운 물건을 드는 것은 절대 금물이에요.

'사랑에 빠지면 시인이 된다'는 말, 들어보셨나요? 사랑으로 뜨겁게 타오르는 마음을 일상적인 언어로는 도저히 표현할 수 없기 때문에 다른 말을 찾다 보니 시인이 되는 것 아닐까요? 엄마의 정서가 풍부할수록 태아의 두뇌도 더 활발하게 성장한다고 하니, 아기와 사랑에 빠져 시인이 되어보는 것도 좋을 듯해요.

우리나라 피겨 스케이팅의 여왕 김연아 선수와 동갑내기 라이벌인 아사다 마오 선수의 코치는 아사다의 표현력을 키우기 위해 사랑에 빠져달라고 주문을 했대요. 사랑하는 이가 뮤즈가 되어 끊임없이 영감을 주기 때문에 사랑에 빠지면 누구나 예술가가 되나 봅니다.

이제 조금 있으면 엄마라는 이름으로 새로 태어날 예비엄마들이야말로 시인일 거예요. 귀한 생명을 품으니 세상의 풀 한 포기, 꽃 한 송이도 새롭게 보이고 생명을 만든 창조주에게 감사하게 됩니다. 그때까지 무심코 지나쳤던 모든 것이 소중하고 애틋하며 주변의 사랑을 다시금 느끼는 예비엄마들은 세상의 시인 중에도 가장 따뜻하고 감수성 예민한 시인이겠지요.

시인은 시를 씁니다. 시는 무엇일까요? 국어사전을 찾아보면 이렇게 나와요. '문학의 한 장르. 자연이나 인생에 대하여 일어나는 감흥과 사상 따위를 함축적이고 운율적인 언어로 표현한 글이다.' 분명 시에 대한 설명이긴 한데 굉장히 무미건조합니다. 국어 시험 볼 때 필요한 지식일 뿐, 시 자체가 무엇인지를 제대로 이야기해주진 못하고 있지요. 시를 한마디로 정의한다면 과연 무엇일까요?

그 대답을 영화 〈일 포스티노Il Postino〉(1994)에서 얻을 수 있어요. '일 포스티노'는 '우체부'를 뜻하는 이탈리아어입니다. 이 영화의 주인공은 이탈리아 어느 작은 섬에서 방황하는 청년 마리오Mario예요. 그가 살던 작은 섬에 유명한 칠레의 시인 네루다Pablo Neruda가 정치적인 이유로 유배를 오게 돼요. 네루다를 막연히 동경하던 마리오는 그에게 편지를 전해줄 우체부를 고용한다는 말을 듣고 우체부가 됩니다. 네루다에게 편지만 전해주고 오라는 당부에도 불구하고 마리오는 그에게 시를 쓰는 법을 가르쳐달라고 하지요. 그렇게 네루다와 우정을 나누면서 시에 눈뜨게 된 마리오는 여러 가지 변화를 겪게 됩니다.

영화 속에서 우체부 마리오는 네루다에게 시가 뭐냐고 묻습니다. 네루다는 이렇게 대답해요. 평범한 사물은 시인의 은유를 통해 새로운 의미로 태

어나고 은유가 없는 시는 감상적인 낙서에 지나지 않을지도 모른다고 말이에요. 그러고는 조금 더 구체적으로 은유에 대해 가르칩니다.

"하늘이 운다고 하면 그게 무슨 뜻이지?"

"비가 온다는 것이죠."

"맞았어, 그런 게 '은유'야."

"간단하네요. 그런데 이름이 왜 그렇게 어렵고 복잡하지요?"

사실 우리는 일상생활 속에서 많은 비유와 은유를 사용해요. 시간은 강처럼 '흐르고', 도시에 '심장부'가 있다고 이야기해요. 사상이 풋과일처럼 '설익었다'고 표현하고 문제가 눈덩이처럼 '불어난다'고 해요. 그런데 비유와 은유에는 상상력의 마법이 숨겨져 있어요. '비가 온다'를 '하늘이 운다'

로 표현하게 되면 객관적 사실에 상상력이 덧칠해져 새로운 의미가 태어나요. 즉, 자연적 현상이었던 '비'는 은유의 마법에 의해 비 오는 날에 느껴지는 쓸쓸함과 서글픔까지도 함께 나타낼 수 있지요.

비유와 은유를 잘 사용하기 위해서는 서로 다른 사물들 사이의 비슷한 점을 포착해야 해요. 사실 우리는 잘 모르는 것을 이해할 때, 이미 잘 아는 것과 비슷한 점을 찾아냄으로써 낯선 것을 익숙한 것으로 바꾸어놓아요. 최초의 자동차는 '말 없는 마차'라고 불렸고, 최초의 기관차는 '철마鐵馬'라고 불렸어요. 비행기를 처음 본 원시 부족들은 '큰 새'라고 불렀지요. 심리학자들은 서로 다른 사물 간의 유사점을 깨닫는 은유적 사고가 예술적 창의력이나 과학적 창조의 토대가 된다고 생각해왔어요. 왜냐하면 은유는 이성과 상상을 결합시키기 때문이에요. 적절한 은유를 하기 위해서는 사물이 가진 특성을 분류하는 논리적인 부분과 함께 다른 사물과 연결시키는 상상력이 반드시 필요해요. 심리학자인 콜린 마틴데일Colin Martindale은 "창의성이 곧 은유를 형성하는 능력"이라고 말했어요.

흔히 은유는 시인에게는 필요하지만 과학자에게는 필요치 않다고 생각하기 쉬워요. 하지만 사실 과학자에게도 서로 다른 사물 간의 유사점을 깨닫는 은유적 사고는 큰 발견으로 이끄는 인도자 역할을 해요. 미국의 농기계 회사 맥코맥McCormac에서 만든 곡물 수확 트랙터는 바로 머리를 자르는 가위에서 힌트를 얻은 것이에요. 가위로 머리를 쓱쓱 자르는 모습을 보고 곡물이 머리카락과 비슷하다고 생각한 것이지요. 비록 시인은 아니었지만 맥코맥은 머리를 자르는 가위를 보고, 가위와 비슷한 기계면 곡물을 수확

할 수 있겠다고 생각한 거예요.

"비유는 인간이 가진 가장 창조적인 능력이다"라고 철학자 오르테가 이 가제트Ortega y Gasset는 말했어요. 스스로 시인이라고 생각하고 주변 사물들 사이의 비슷한 점을 찾아볼까요? 만약 어떤 문제에 부닥쳤다면 일단 뭔가 다른 사물과 연결시켜서 비유를 만들어보세요. 비유를 통해 그 문제의 새로운 측면을 발견하게 될 거예요. 그러면 해결책을 찾게 될 가능성도 높아지겠지요.

오늘, 좋은 시를 찾아 읽어볼까요? 시는 정서를 순화시키는 데 효과적이지요. 감성적인 묘사와 정제된 언어, 음악적 운율은 우뇌와 좌뇌를 한쪽에 치우침 없이 고루 발달시켜주고 TV나 라디오, 영화나 다른 예술 작품에서 느낄 수 없었던 깊은 울림을 전해줍니다. 시에 사용된 은유를 이해하기 위해서는 상상력도 자극되고요. 시를 읽으면서 엄마는 평안함은 물론 사물을 새로운 측면에서 보게 될 때 느끼는 지적인 기쁨을 얻게 됩니다. 이런 엄마의 정서가 태아에게 좋은 영향을 주는 건 분명합니다.

시인의 눈으로 세상을 보는 날이 오길…….

11주 아이의 창의성을 키워주는 대화법

이 시기의 태아는 키가 약 5~9cm, 체중은 약 20g 정도 돼요. 모든 체내기관이 발달하여 심장, 간, 비장, 맹장, 내장이 발달해요. 내장은 원형 고리를 만들 정도로 길게 형성되고 순환기관도 자리를 잡아요. 엄마는 철분의 흡수를 돕는 비타민 C를 잊지 말고 드세요. 비타민 C는 체내에서 2~3시간밖에 머무르지 않기 때문에 딸기, 귤, 오렌지, 키위, 토마토 등을 잊지 말고 수시로 챙겨 먹는 것이 좋아요.

아기와 태담을 나누는 것은 두뇌계발이나 정서함양을 위해서 아주 중요하다고 해요. 하지만 눈에 보이지도 않는 아기와 대화를 나누기가 처음에는 생각만큼 쉽지 않을 거예요. 쑥스럽기도 하고 무슨 말을 해야 할지 막막하기도 하고요. 그래도 조금씩 태담 시간을 늘리다 보면 '내가 이런 말도 할 줄 알았나?' 싶게 다양한 이야기를 하고 있는 자신을 발견하게 될 거예요.

말 배우기 시작한 지 얼마 안 된 아이들이 말하는 것을 본 적 있으세요? 제멋대로 내뱉는 말인데 때로는 황당해서 웃음이 나오기도 하고, 가끔은 어른도 깜짝 놀랄 만큼 정확하게 상황을 묘사하기도 해요. 또한 어른들은 결코 하지 못하는 기발한 생각을 해내기도 하지요. 평생에 걸쳐 아이들의 말을 조사하고 연구한 러시아 아동문학가 코르네이 추콥스키Kornei Ivanovich

Chukovskii는 연구서 『두 살에서 다섯 살까지』에서 아이들이 기발한 표현을 만들어내는 것은 "자기가 모르는 표현에 대해서는 유감없이 창조성을 발휘하기 때문"이라고 설명하며 "아이들은 모두 언어의 천재성을 지니고 있다"고 말했어요.

이런 아이들에게 잠재된 창의력을 살리느냐 죽이느냐는 부모, 조금 더 자세하게 이야기하면 엄마에게 달려 있어요. 창의력이 뛰어난 아이를 키운 부모들의 공통점은 아이들과 대화를 많이 나누었다는 거예요. 부모와의 대화를 통해 아이들은 지식을 얻을 뿐 아니라 스스로 생각하는 방법을 배우고 아이디어를 발전시키는 경험을 하게 되니까 그렇지요. 평상시 아이의 창의력을 쑥쑥 키워줄 수 있는 대화 비법에 대해 알아보기로 해요.

말을 배우기 시작해서 말하는 데 재미를 붙인 아이들은 하루 종일 쉴 새 없이 재잘재잘 떠들기 마련이에요. 아기 때에는 옹알이 한마디에도 엄마가 반응해주지만, 조금 큰 다음에는 아이의 말에 제대로 반응해주지 못하는 경우가 많아요. 모든 말에 귀 기울일 수는 없지만 아이가 기발한 표현을 할 때는 엄마가 반응을 보여주어야 해요. 엄마의 칭찬으로 아이는 '자신감'이라는 가장 큰 보물을 얻게 됩니다. 아이의 표현이 나오는 바로 그 순간, 집중을 하고 긍정적인 반응을 보여주는 것이 첫째 비법이에요.

둘째 비법은 아이의 감정을 읽고 맞장구를 쳐주는 거예요. 아이의 감정이 어떤지 물어봐 주고 동감한다는 것을 보여주면, 아이는 이해받고 사랑받는다는 것을 느끼게 됩니다. 아이는 엄마가 감정적인 동지가 되어줄 때, 자신의 느낌과 생각, 심지어 남과 다른 생각까지도 자신 있게 표현할 수 있어요.

셋째 비법은 아이에게 사실을 묻기보다는 느낌을 묻는 거예요. 아이들은 자신의 욕구나 느낌 등을 말로 표현하기가 쉽지 않아요. 그래서 말보다는 울음이나 몸짓으로 의사 표현을 하게 되지요. 부모가 "빨리 말해봐" "울지 말고 말로 해"라고 다그치면 아이는 주눅이 들어 더더욱 표현하지 못해요. 그러니 부모가 인내심을 갖고 아이의 말문이 터지기를 기다려야 해요. 생활 속에서 자연스럽게 아이가 자신의 느낌이나 생각을 말로 표현할 기회를 줘야 해요. 그리고 아이가 감정을 자신만의 언어로 표현했을 때는 아낌없이 칭찬해주어야 해요.

넷째 비법은 수다쟁이 엄마, 이야기꾼 엄마가 되는 거예요. 표현력이 좋은 아이, 창의력이 뛰어난 아이로 키우려면 엄마가 수다쟁이가 되어야 해요. 평범한 일상에서 아이가 재미있어할 만한 이야기를 끄집어내어 들려주는 이야기꾼이 되어야 해요. 되도록 실제로 엄마가 겪은 일, 아이와 함께 겪은 일을 쉽고 단순한 이야기로 만들어 들려주세요. 아이들은 이야기의 주인공과 함께 희로애락을 경험하니까 아이를 주인공으로 한 이야기이면 더욱 귀를 기울여요. 의태어, 의성어, 과장법을 적절히 섞으면 아이는 더더욱 귀를 쫑긋 세울 거예요.

다섯째 비법은 아이와 함께 온 가족이 브레인스토밍을 하는 거예요. 브레인스토밍은 여럿이서 각자 자유롭게 생각나는 대로 말하고 거기에 더하고 빼면서 새로운 생각을 얻어내는 방법이에요. 집에서 아이들과 온 가족이 주제를 정해 적어 내려가면 재미있어요. 어떤 의견도 비판하지 말고 다

받아들여야 해요. 거창한 주제가 아니라 일상의 사소한 일을 주제로 삼는 것이 더 좋아요. 어질러진 장난감을 어떻게 정리할 것인지와 같이 아이가 피부로 느낄 수 있는 것이면 돼요. 남과 다른 생각을 스스럼없이 발표할 수 있는 가정환경이라면 충분히 창의력이 자랄 수 있어요.

몇 년 전 신문에서 이런 기사 제목을 보았습니다.

'노벨상 비결? 자유, 커피 한 잔의 여유.'

AP통신에서 2009년 노벨 화학상, 물리학상, 경제학상 수상자를 인터뷰하면서 노벨상이라는 뛰어난 학문적 업적을 이룬 비결을 물었더니 하나같이 '커피 브레이크'를 통한 활발한 의견 교환과 자유로운 연구 주제 선정 등을 꼽았다는 내용이었어요. 그 기사 가운데 눈길을 끈 것은 노벨 화학상 수상자인 미국 예일대학교의 토머스 스타이츠Thomas A. Steitz의 대답이었어요. 영국에서 연구 활동을 한 그는 노벨상 수상의 비결을 이렇게 설명했다고 해요.

"영국에 처음 왔을 때 사람들이 아침에 커피를 마시고 오후에는 식사를 하고 차까지 마시면서 언제 연구를 하는지 궁금했습니다. 그러나 학자들과 차를 마시면서 의견을 나누고 어떤 실험을 해야 할지를 배울 수 있었어요."

창의적인 아이디어는 자유로운 대화를 통해서 태어나고 자라납니다. 동료들과의 대화를 통해 새로운 아이디어를 만드는 시간이 없었다면 아무리 혼자서 연구하는 시간이 많았어도 과연 노벨상이라는 훌륭한 성과를 얻었을까요?

예비엄마 여러분! 수다쟁이, 이야기꾼이 되어서 아기에게 이야기를 해 주세요. 아직 태어나지도 않은 아기와 대화를 나눈다는 것이 어색하게 느껴지기도 할 거예요. 하지만 아기는 엄마가 하는 이야기를 다 듣고 있어요. 아직은 아기의 대답을 들을 수 없지만 곧 아기는 태어나고 금방 자라서 엄마와 이야기를 나누게 됩니다. 그때를 대비해서 아이의 창의성을 키우는 대화법을 미리 연습해두세요.

가족이 함께 엮어갈 스토리를 만들자

태아는 얼굴과 몸이 배내털로 덮이기 시작해요. 뇌가 급속도로 발달하는데, 머리는 다른 부분에 비해 상당히 커요. 하지만 아직 뇌의 표면은 매끄럽고 주름이 잡혀 있지 않아요. 엄마는 이때쯤이면 입덧이 가라앉고 편안해질 거예요. 아침에 일어나면 활짝 웃으며 즐거운 마음으로 하루를 시작해보세요. 엄마의 긍정적인 에너지는 태아에게 그대로 전달되니까요. 자, 얼굴로만 웃지 말고 온몸으로 한번 활짝 웃어보세요!

누구나 아기 탄생과 관련된 사연 하나쯤은 가지고 있을 거예요. 임신을 계획했다거나 태몽을 꾸었다거나 임신할 때쯤 특이한 사건이나 징후가 있었다는 등 말이죠. 그런 이야기들은 아기에 대한 사랑을 더욱 특별하게 만들어줍니다.

마드리드Madrid의 프라도Prado 미술관에는 고야Goya가 그린 〈옷 벗은 마야〉와 〈옷 입은 마야〉가 같이 전시되어 있어요. 스페인의 궁정화가였던 고야는 같은 모델을 소재로 옷을 벗은 그림과 옷을 입은 그림을 남겼어요. 1800년경에 그린 〈옷 벗은 마야〉는 당시 사회윤리에 심각하게 어긋나서 1815년에 고야는 종교재판을 받아야 했어요. 재판 후 이 그림은 폐쇄된 저장실로 옮겨졌고 그려진 지 100년이 지난 1900년에야 일반인에게 공개되었

다고 해요. 그 후로 1901년에 프라도 미술관으로 옮겨져 두 그림이 나란히 전시되고 있어요.

지금으로부터 200년 전의 일이고, 종교재판까지 받을 정도로 점잖지 못한 일이었으므로 이 작품 속의 여인이 누구인지, 화가인 고야와는 어떤 관계였는지, 두 점의 그림을 남긴 이유가 의도적이었는지 아니면 어쩔 수 없는 어떤 상황 때문이었는지, 정확하게 밝혀진 것은 아무것도 없어요. 단지 추측과 다양한 상상만이 있을 뿐이지요. 하지만 사람들의 풍부한 상상 속에서 만들어지는 다양한 스토리는 이 두 고야 작품의 가치를 계속 상승시키고 있어요. 이 작품에 대한 논란이 많이 일수록 그 가치는 더욱더 높아지는 것이지요.

같은 작품도 스토리가 있을 때 그 가치는 높아져요. 작품의 가치는 단지 예술적인 완성도만이 전부가 아니에요. 예술적인 완성도는 오히려 사람마다 가치 평가가 약간씩 다를 수 있어요. 그렇지만 사람들의 관심과 흥미를 끄는 스토리가 있다는 것은 분명 그 자체만으로도 충분한 가치를 만들 수 있어요. 그림의 가치를 높이겠다는 계산으로 고야가 두 점의 작품을 그린 것은 아닐 거예요. 하지만 만약 여러분이 화가라면 자신이 그린 그림의 가치를 높이기 위해서는 가치를 더해주는 다른 요소를 만들어야 해요. 고야의 작품에서는 스토리가 만들어질 여지가 있었지요.

역사보다 신화가 인간에게 더 큰 영향을 미쳤다는 말이 있어요. 똑같은 것에도 스토리를 부여할 때 그 가치는 높아져요. 결코 예술 작품에 국한된 이야기가 아니에요. 많은 것들의 가치 평가에는 객관적인 기준이 엄격하게 적용되지 않기 때문에 무엇인가 플러스 요소를 만드는 것이 필요하지요.

'그래도 객관적으로 누구나 인정할 수 있는 가치가 있어야 하지 않을까?' 라는 생각이 들 거예요. 만일 그렇다면 '객관이란 상호 주관이다'라는 말이 도움이 될 거예요. 객관적인 그 어떤 것도 기본적으로는 여러 사람의 마음에 드는 것에서부터 시작해요. 그러므로 사람들의 마음을 먼저 잡는 것이 출발점이지요. 스토리는 사람들에게 쉽게 다가갈 수 있어요. 그래서 가치를 플러스시키는 방법으로 스토리를 만들거나 만들 수 있는 여지를 남기는 것은 매우 효과적이에요.

예를 들어, 같은 바이올린이라도 '유명 음악가가 쓰던 바이올린이다'라고 하면 그 가치가 높아지는 것처럼 말이에요. 특별한 이야기는 평범한 제품을 한순간에 특별한 것으로 바꾸어줍니다. 실제로 90년대 초반에 일본의 어떤 제과점에서는 '베토벤 빵'이라는 제품을 내놓았다고 해요. 빵 한 덩어리에 우리 돈으로 2만 원에서 3만 원이나 받았지만, 베토벤 빵은 매우 잘 팔렸대요. 만드는 과정에서 빵에게 베토벤 음악을 들려주었기에 베토벤 빵은 맛과 알지 못하는 어떤 요소까지 다른 빵이라고 제과점에서 선전한 덕분에 크게 유행했어요. 록Rock 음악에 빠져 있는 아이들이 못마땅했던 엄마들이 클래식 음악 속에서 만들어진 빵을 사다준 것이 히트를 친 것이지요.

또 다른 예를 하나 더 들어보지요. '생수' 하면 가장 먼저 떠오르는 브랜드가 뭘까요? 우리나라에도 여러 브랜드가 있지만 맨 먼저 떠오르는 브랜드 하나가 있듯이, 세계 사람들은 프랑스의 고급 생수 '에비앙 Evian'을 우선 떠올린다고 합니다. 이 에비앙에는 특별한 이야기가 있어요. 프랑스 혁명이 일어난 1789년, 눈 덮인 알프스 산맥의 산자락에 위치한 마을 에비앙에 신장결석을 앓던 후작이 요양을 하러 왔어요. 그는 어느 날 마을 주민에게서 "약효가 있는 우물물이 있다"는 귀띔을 받고 그 물을 구해 마신 후, 신기하게도 병이 깨끗이 나았어요. 후작은 우물물로 어떻게 병을 고칠 수 있었는지 궁금해서 자세하게 알아봤어요. 알프스의 눈과 비가 15년에 걸쳐 녹고 어는 과정을 통해 매우 깨끗하고 미네랄도 풍부한 물로 정화된다는 사실을 알아낸 후작은 이 사실을 우물 주인에게 이야기해주었어요. 그래서 우물 주인은 이 우물물을 팔기로 결정했고, 1878년에 처음으로 프랑스 정부로부터 공식 승인을 받아 상업화한 물이 바로 에비앙이에요. 그러나 사실 신장결석은 어떤 물이든 많이 마시면 돌이 빠져나가 낫는 병이었답니다. 꼭 에비앙이 아니어도 나을 수 있는 병이었던 것이지요. 이 특별한 이야기는 미네랄이 많아 맛도 밍밍한 에비앙을 단숨에 세계적인 '먹는 샘물'의 자리에 올려놓았던 거예요.

어쩌면 우리 인생에도 스토리가 필요한지 모릅니다. 예술 작품이나 상품 또는 기업에만 스토리가 필요한 것은 아니지요. 우리 한 사람, 한 사람에게도 다른 사람들에게 들려줄 수 있는 스토리가 필요해요. 나 혼자만이 나누는 이야기라도 이야기가 있는 것과 없는 것은 큰 차이를 만들어요. 단순한 삶이 아닌 어떤 스토리를 갖는 것이 인생의 가치를 높인다니 스토리는 우리 인생에도 정말 필요한 것 같군요. 곧 태어날 아기에게 들려줄 엄마와 아빠의 이야기, 가족이 함께 엮어갈 인생의 스토리를 생각해보자고요.

제4장
가슴
4개월(13주~16주)

긍정적인 마인드는 창조를 만드는 진짜 힘

이제 배 속의 양수가 많이 늘었을 거예요. 태아의 눈은 거의 형태를 갖추었지만 눈꺼풀은 아직 내리 덮여 있어요. 엄마는 좋은 음악을 골라서 즐겨 듣고 계시나요? 서정적이면서도 리듬이 자유로운 음악이 좋아요. 마치 엄마와 아기만의 태교 콘서트를 가진다는 기분으로 좋은 곡을 골라 들어보세요. 긴장을 풀고 편안하게 음악을 감상하다 보면 태아와 하나가 되는 기분을 느끼실 수 있을 거예요.

얼마 전 들은 수수께끼로 이야기를 시작해볼게요. 어느 명사 초청 특강을 들으러 갔는데, 그날의 초청 강사는 명의名醫로 이름이 높은 의사 선생님이었습니다. 그 선생님께서는 건강에 대해 이야기하던 중 사람들에게 이렇게 질문하셨어요.

"이거 먹으면 오래 삽니다. 이것은 무엇일까요?"

여러분이라면 뭐라고 답했을까요? 사람들은 다양한 답을 쏟아냈습니다. 밥, 물, 홍삼, 버섯, 마늘 등 여러 가지 답들이 나왔지만 모두 강사 선생님이 원하는 정답은 아니었어요. 사람들이 더 이상 답을 생각해내지 못할 때, 강사 선생님은 이렇게 말했어요.

"정답은 나이입니다. 나이 많이 먹으면 오래 사는 거잖아요."

사람들의 허를 찌르는 재미있는 답이었어요. 모두들 즐겁게 웃고 한바탕 분위기가 고조되었다 가라앉자, 강사 선생님은 다시 강의를 계속했어요. 가만히 생각해보니 그 수수께끼가 재미있으면서도 매우 인상적이었어요. 그리고 저는 스스로에게 이런 질문을 해봤어요.

"이거 먹으면 죽습니다. 이것은 무엇일까요?"

이 질문에 대한 정답도 '나이'입니다. 나이 먹으면 오래 살고, 또 나이를 많이 먹으면 죽는 것이죠. 먹으면 오래 사는 것과 먹으면 죽는 것에 대한 공통된 대답이 '나이'라니 재미있으면서도 무엇인가 머릿속을 두들기는 기분이 들었어요. 이 두 가지 질문은 '어떤 사람은 나이 먹으며 죽어가고, 어떤 사람은 나이 먹으며 살아간다'는 사실을 말해주는 것 같았어요.

사람들은 같은 것을 보면서 다른 생각을 해요. 그런 사람들의 생각을 크게 나눠보면 어떤 사람은 좋은 상상을 시작하고, 어떤 사람은 나쁜 상상을 시작해요. 우주에서 지구를 보던 두 명의 우주인이 있었는데, 한 명은 하나님을 믿고 한 명은 신을 믿지 않았습니다. 신을 믿지 않았던 우주인이 이렇게 말했다고 해요.

"내가 하늘에 와봤는데, 하나님 없어! 내가 증명했어."

하나님을 진실하게 믿던 우주인은 이렇게 말했다고 합니다.

"하나님께서 만드신 지구는 정말 아름답습니다. 여러분, 하나님의 은혜에 너무 감사합니다."

아프리카에 시장 조사를 간 두 명의 신발 회사 직원은 맨발로 다니는 사람들을 보며 각자 자기 회사에 급하게 소식을 보냈다고 해요. 한 사람이 보낸 소식은 이렇습니다.

"아무도 신발 안 신는다. 신발 팔 데가 없어."

다른 한 사람이 보낸 소식은 어땠을까요?

"아무도 신발 안 신고 있는데, 신발 빨리 가져와라. 빨리 팔아야겠다. 지금부터 팔면 무진장 많이 팔 수 있겠어."

이렇게 똑같은 상황에서도 좋은 상상력과 나쁜 상상력은 각기 다른 생각을 만들어냅니다. 각기 다른 생각은 다른 행동을 만들어낼 것이고, 다른 행동은 각기 다른 결과를 만들어내겠지요.

똑같은 상황에서 시작해도 어떤 생각을 가졌느냐에 따라 결과는 천지 차이가 날 수 있어요. 역사 속에서 그 예를 찾아볼까요?

인류에게는 새처럼 하늘을 자유롭게 날아보고 싶은 욕망이 있어요. 지금으로부터 약 100여 년 전에 라이트Wright 형제가 플라이어Flier 호를 타고 12초간 날면서 이 꿈은 이루어졌어요. 그리고 지금은 호텔 같은 비행기를 운행하고 우주 저편으로 탐사선을 보내는 시대가 되었어요. 그런데 112년 전인 1900년에 살았던 사람들은 대부분 하늘을 난다는 생각을 하지 못했어요. 뿐만 아니라 권위 있는 천문학자이자 수학자인 사이먼 뉴컴Simon Newcomb 교수는 '사람은 절대로 엔진을 달고 하늘을 날 수 없다'는 것을 수학적으로 증명한 책을 1900년에 내기도 했어요. 이론적으로 사람이 나는 것이 불가능하다고 밝힌 책이 나온 지 3년이 채 안 된 1903년 12월 17일, 시골의 이름도 없는 자전거 가게를 꾸려가던 라이트 형제가 인간이 자유롭게 하늘을 나는 모습을 보여준 거예요. 뉴컴 교수가 책상 앞에 앉아서 인간

이 날 수 없는 이유를 논리적으로 써내려갈 때, 윌버Wilbur와 오빌Orville 라이트 형제는 연과 글라이더 실험을 하면서 하늘을 날 수 있는 방법을 몸소 찾았어요. 뉴컴 교수와 라이트 형제는 같은 시대를 살았던 사람들이기 때문에 그들이 쓸 수 있었던 기술 수준은 같았을 거예요. 어쩌면 저명했던 뉴컴 교수 쪽이 더 많은 기술을 접할 가능성이 높았을 거예요. 뉴컴 교수에게 '사람은 하늘을 날 수 있다'는 긍정적인 생각이 있었다면 여러 곳으로부터 지원을 받아서 더 빨리 비행기를 만들 수 있었을지도 모르지요. 그렇지만 뉴컴 교수는 인간의 오랜 꿈을 죽이는 쪽이었어요. 반면에 라이트 형제에게는 뉴컴 교수가 가진 학문적 배경과 과학 지식은 없었지만 자신들의 손으로 인류의 오랜 꿈을 현실로 만들었어요.

지식과 권위를 가진 사람들이 꿈을 이루지 못하는 이유를 찾고 있을 때, 꿈을 이루고자 하는 사람들은 그 꿈을 이룰 가능성을 발견하고 키워나갑니다. 꿈을 현실로 만든 밑바탕에는 그 꿈을 이룰 수 있다는 긍정의 마인드가 있습니다.

우리가 매일 재미있게 보는 TV, 손 안에서 친구와 얼굴 보며 수다도 떨고 인터넷도 할 수 있는 휴대폰, 전국을 반나절 안에 오갈 수 있는 철도 및 고속도로 등, 지금 우리가 누리고 있는 현실이 옛날에는 모두 꿈이었어요. 그 꿈이 현실이 된 기적 같은 세상에서 우리는 살고 있지요. 미래의 우리 아이들은 이전보다 더 큰 꿈을 꾸고 그 꿈을 향해 달려가야겠지요?

아이들에게 지식보다는 꿈을 주는 부모가 되고 싶습니다. 수학 문제 하나 더 풀게 하기보다는 푸른 하늘을 보여주어 하늘을 나는 꿈을 꾸게 하고 싶습니다. 꿈만 꾸는 아이가 아니라 그 꿈을 이룰 수 있는 긍정적인 마인드를 가진 아이로 자라게 해주는 현명한 부모가 되고 싶습니다.

14_주 자발적으로 할 때, 가장 잘할 수 있다

이제 태반이 거의 완성되어 엄마의 자궁에 튼튼하게 자리를 잡았을 거예요. 태아는 최초의 뼈 조직과 갈비뼈가 나타날 시기예요. 머리도 커지면서 점점 발달하고 팔과 다리에 관절이 생기고 몸이 점점 더 단단해져요. 엄마는 자궁을 지탱하는 인대가 당겨 허리가 아프기 시작할 거예요. 이때에는 가벼운 체조로 몸을 풀어주는데 하루 10분씩 산전체조를 하면 좋아요. 참, 청각이 형성된 태아를 위해 동요를 불러주는 것도 잊지 마세요.

아기가 생긴 후, 전에는 하지 않던 취미생활이 생기지 않았나요? 많은 엄마들이 태교라는 이름으로 음악 감상, 독서, 십자수, 뜨개질 등, 보통 때는 관심도 없었던 것들에 흥미가 생길 거예요. 실제로 이런 엄마의 노력은 고스란히 아기에게 전해져 태아의 두뇌 발달에 도움이 된다고 해요. 하지만 예외가 있으니, 바로 엄마가 좋아하지 않는 것을 억지로 하는 경우라고 해요. 그럴 때는 오히려 스트레스 호르몬이 나와서 태아에 해가 된답니다. 공부하기 싫지만 어른들 때문에 억지로 책상에 앉았던 기억 있으시죠? 그럴 때는 아무리 책상에 앉아 책을 들여다봐도 능률이 오르지 않죠. 태교도 마찬가지예요. 그러니 다른 엄마들이 한다고 해서 무작정 따라 하지 말고, 자신이 즐겁고 태아 성장에도 좋은 태교 방법을 찾는 것이 좋겠네요. 무엇을 하든 ‘하고 싶다’ ‘재미있다’라는 마음이 가장 중요하거든요.

마크 트웨인Mark Twain의 소설『톰 소여의 모험 The Adventures of Tom Sawyer』을 읽어보셨나요? 제가 어렸을 때는 TV에서 만화영화로 상영해서 매우 재미있게 봤습니다. 마크 트웨인은 소설『톰 소여의 모험』을 어린이가 아니라 성인을 위해 썼어요. 실제로 어른들이 읽어보고 재미있다며 자녀에게 한 권씩 더 사줘서 한 집에 두 권씩 사게 되어 미국 최고의 베스트셀러가 되었다고도 하는 책이 바로『톰 소여의 모험』입니다.

제게 가장 기억에 남는 부분은 장난꾸러기 톰 소여가 벌로 울타리를 페인트칠하는 장면이에요. 장난꾸러기 톰에게 화가 난 이모는 화창한 토요일에 담장 전체를 혼자서 페인트칠하라고 벌을 주었어요. 어린 톰의 눈에 담장은 굉장히 넓어 보였습니다. 하루 종일 칠해도 다 못 칠할 것 같았지요. 더구나 친구들이 놀러 가자고 왔다가 페인트칠을 하고 있는 자신을 보면 비웃을 것이 뻔했기 때문에 톰에게는 큰 문제 상황임이 틀림없었어요. 톰이 이 문제 상황을 어떻게 해결했는지는 우리가 잘 아는 이야기지만, 그 과정을 잠시 살펴보도록 하지요.

톰은 먼저 흑인 노예 짐에게 페인트칠을 도와달라고 부탁해요. 하지만 짐에게 거절당하지요. 그러자 톰은 자신이 갖고 있는 구슬로 짐을 매수하려고 합니다. 이마저도 실패하자 톰은 구슬보다 더 값진 자신의 '보물'을 다 이용해서라도 누군가에게 도움을 요청하려고 하는데, 갖고 있는 보물이 별로 없었어요. 이런 최악의 상황에서 톰은 멋진 아이디어를 생각해내지요.

톰은 아주 즐겁고 재미있다는 표정을 지으며 울타리를 칠하기 시작했어요. 친구들이 와서 부르지만, 톰은 못 들은 척하며 줄곧 정말 재미있다는 표정을 지은 채 계속합니다. 즐겁고 재미있어 하는 톰을 보며 친구들은 페인트칠에 호기심을 갖기 시작하게 되지요.

자신이 갖고 있는 보물을 팔아서 친구들에게 일을 시키려고 했던 톰은 상황을 거꾸로 반전시켰어요. 친구들과 노는 것보다 페인트칠이 몇 배는 더 재미있는 것처럼 자랑한 거예요. 그 결과, 친구들은 자신들의 소중한 보물을 내놓으면서 서로 먼저 페인트칠을 해보고 싶어 했고, 톰은 그늘 밑에서 쉬면서 반나절도 채 지나지 않아 페인트칠을 마치게 되었지요. 물론 많은 보물도 차지하게 되었고요. 담장에 페인트칠을 하는 사건이 마무리되면서 마크 트웨인은 다음과 같이 말합니다.

사람을 움직이기 위해서 가장 중요한 것은 '하고 싶은 마음'을 불어넣는 것입니다. 즉, 동기를 부여하는 것이지요. 하고 싶다는 생각, 정말 해보고 싶다는 마음의 동기는 여러 능력들을 자연스럽게 불러일으켜요. 반면 누군가 시켜서 억지로 한다면 우리 두뇌는 능력을 100% 발휘하지 않아요.

　시험 때, 공부 잘하는 친구의 노트를 빌려서 공부했던 적은 없나요? 공부 잘하는 친구가 쓴 것이라서 중요한 부분에 밑줄도 쳐져 있고, 중요한 단어에는 형광펜으로 눈에 잘 띄게 별표, 꽃표가 그려져 있는 그런 노트 말이에요. 그런데 아무리 정리가 잘된 노트로 공부해도 스스로 정리한 노트로 공부할 때보다 성적이 좋지 않았던 건 왜일까요? 1997년, 비키 실버즈Vicki Silvers와 데이비드 크레이너David Kreiner가 한 실험은 그 이유를 잘 설명해줍니다.

　비키와 데이비드는 학생들에게 시험에 나올 만한 내용을 정리한 유인물을 나누어주었어요. 그런데 한 그룹에게는 중요 부분에 밑줄을 그어주었고, 다른 그룹에게는 밑줄 없이 그냥 주었어요. 잠시 후 테스트를 했을 때, 어느 쪽이 성적이 좋았을까요? 중요 부분이 잘 표시되어 있는, 밑줄 친 유인물을 본 쪽이 성적이 더 좋을 것이라고 예상하겠지만, 실제로는 밑줄 긋지 않은 유인물을 본 쪽이 성적이 더 좋았다고 해요. 첫 번째 그룹은 주어진 것 위주로 암기하는 소극적인 자세로 공부했고, 두 번째 그룹은 스스로 밑줄을 치고 노력하면서, 더 적극적으로 공부를 한 것이지요. 밑줄같이 사소해 보이는 것조차도 남이 떠먹여 주는 건 그리 효과적이지 못함을 보여주는 결과입니다. 공부할 때 적극적이고 능동적인 자세가 얼마나 중요한지를 보여주는 실험이었지요. 우리의 두뇌가 일하는 데 자발성이 얼마나 중요한지 아시겠지요?

친구들에게 보물을 받고 페인트칠을 시키는 장난꾸러기 톰 소여에게서 우리는 창의적인 리더의 모습을 발견합니다. 사람들이 스스로 움직이게끔, 해야 할 일의 가치를 부여하는 톰의 재주를 배워 우리 엄마들은 아이들이 스스로 즐겁게 배우도록 이끄는 창의적인 리더가 되어보세요.

15주 사랑과 배려의 마음, 창조가 시작되는 곳

15주가 되면 태아가 남아인지 여아인지 구별할 수 있어요. 키는 4주 전에 비해 두 배로 커지고 체중은 여섯 배로 늘어 16~18cm, 120g 정도가 돼요. 신장이 형성되어 양수로 소변을 내보낼 수도 있어요. 불완전하지만 뇌가 발달하여 쾌감과 불쾌감 등 기본적인 감정을 느끼기도 해요. 엄마는 태아와 부지런히 태담을 나누세요. 엄마의 따스한 사랑이 태아에게 고스란히 전해질 수 있도록 말이에요.

이제 태아의 심장과 폐 등 내장기관이 목 근처에서 아래로 내려가 자리를 잡으면서 제법 사람다운 모습을 띠게 되었네요. 처음엔 초음파로도 잘 보이지 않았던 아기의 모습도 잘 구분할 수 있게 되었죠. 하지만 다른 사람들에게 초음파 사진을 보여주면 의외로 잘 알아보지 못하는 경우가 많아요. 하나하나 손으로 짚어가며 설명해주면 겨우 알아보거나 아무리 설명을 해줘도 모르는 경우가 많아요. 초음파 사진을 알아볼 수 있는 건 임신을 해서 특별한 투시 능력이 생겼기 때문이 아니라 높은 관심과 애정을 가지고 있어서예요. 무엇이든 관심과 애정을 가지면 남들이 보지 못하는 특별한 것을 발견할 수 있다는 단순한 원리죠.

흔히 '발명'이라고 하면 특출나게 머리가 좋은 천재가 하는 것으로 생각해요. 실제로 학문적인 새로운 발견이나 뛰어난 성과는 천재들에 의해서 이루어지는 경우가 많아요. 하지만 생활을 편리하게 해주는 꼭 필요한 발명 같은 경우는 평범한 사람이 하는 것을 많이 볼 수 있어요. 평범한 사람에게서 비범한 아이디어가 나오게 하는 힘은 무엇일까요? 그 비밀을 알아보는 것이 오늘의 이야기예요.

1880년대 말에 '조니'란 이름의 아들 하나만을 둔 아버지가 있었어요. 어느 날, 조니는 세발자전거를 타고 놀다가 넘어져서 얼굴을 심하게 다쳤어요. 하나뿐인 아들이 그렇게 되었으니 아버지의 마음은 얼마나 아팠을까요? 당시의 모든 바퀴는 무쇠로 투박하게 만들어졌거나 나무바퀴 위에 무쇠를 씌운 것으로 작은 충격에도 심하게 흔들렸어요. 작은 돌멩이에 부딪히기만 해도 마구 흔들렸지요. 사랑하는 아들의 상처를 보며 아버지는 안전한 바퀴가 필요하다는 것을 절실히 느꼈어요. 그래서 나무바퀴에 무쇠 대신 집에서 사용하는 고무호스를 씌워 보았지요. 덜덜거리는 정도는 조금 줄어들었으나 마찬가지로 충격을 흡수하지 못해서 여전히 안전에는 문제가 있었어요.

'조니가 마음 놓고 세발자전거를 타고 놀 수 있는 안전한 바퀴가 없을까' 하며 계속 고민하던 어느 날, 조니가 쭈그러진 축구공을 들고 와 팽팽하게 공기를 넣어달라고 졸랐어요. 축구공을 안고 있는 아들의 모습에서 아버지는 기발한 착상을 했어요. 세발자전거 고무바퀴에 공기를 넣어 탄력을 갖도록 해야겠다는 생각에 이른 것이지요. 이 발상으로 아버지는 세계 최초의 공기 타이어를 발명하게 됩니다. 이 아버지의 이름이 바로 존 보이드 던롭John Boyd Dunlop으로, 후에 그는 세계적으로 유명한 던롭 타이어 회사를 만들어요.

사랑하는 아들을 안전하게 지켜야겠다는 아버지의 따뜻한 애정에서 공기 타이어가 발명되었어요. 평범한 수의사였던 던롭은 이 발명 덕분에 일약 세계적인 대기업의 사장으로 변신하게 되었어요. 자녀에 대한 부모의 헌신적인 사랑에서 만들어진 것은 그밖에도 여러 가지가 있어요.

빨대 위쪽에 주름이 잡혀 있어 여러 방향으로 쉽게 구부러지는 주름빨대 역시 아들에 대한 어머니의 헌신적인 사랑에서 시작된 것이지요. 일본 요코하마横濱에 살던 한 어머니가 병원에 입원한 아들을 간호하다가 아들이 누워서도 음료를 흘리지 않고 마실 수 있도록 하려고 수도꼭지 호스처럼 주름을 만든 거예요. 이 어머니는 불편함을 겪을 때마다 새로운 방법을 찾고 수시로 메모하던 습관을 가지고 있었대요. 이런 습관이 아들에 대한 사랑과 만나 사소하지만 생활에 큰 편리함을 가져다주는 발명품을 만들었어요. 이 발명 이야기는 이동통신 회사 광고로도 널리 알려져 있지요.

찍자마자 바로 볼 수 있는 사진을 아시나요? 디지털 사진을 말하느냐고요? 요즘에는 디지털 카메라로 찍은 사진이 대세이지만 1950년대부터 디지털 카메라가 나오기 전까지는 폴라로이드 사진이 그런 사진의 대명사였지요. 폴라로이드가 나오기 전까지는 찍은 사진을 보려면 암실 작업을 통해 사진을 현상해야만 했어요. 찍자마자 볼 수 있는 폴라로이드 사진은 지구촌 어디서나 사랑받는 제품이었는데, 이 제품 역시 딸의 호기심을 채워주고자 한 아버지의 사랑에서 나온 발명품이에요. 폴라로이드를 발명한 사

람은 발명가 토머스 에디슨Thomas Alva Edison을 제외하면 어느 누구보다도 많은 특허를 받았다는 에드윈 랜드Edwin H. Land입니다. 그는 가족과 함께 뉴멕시코New Mexico 주의 산타페Santa Fe로 휴가를 떠나 즐거운 시간을 보내면서 세 살짜리 딸아이의 모습을 찍었어요. 철없는 딸아이는 사진을 빨리 볼 수 없느냐고 투정을 부렸지요. "왜 지금 사진을 볼 수 없어?"라고 말이에요. 딸아이의 엉뚱한 질문에 에드윈은 소비자들이 필름의 현상과 인화에 시간이 걸려 상당히 불편해한다는 사실을 깨닫고 폴라로이드를 개발했어요. 에드윈 랜드가 딸아이의 호기심을 만족시키는 데는 3년이 걸렸다고 해요. 딸아이의 엉뚱한 질문 하나도 스쳐 지나치지 않은 덕분에 그는 폴라로이드로 큰돈을 벌 수 있었어요.

이처럼 발명은 사랑에서부터 시작합니다. 사랑하는 사람을 잘 돌보고 배려하려다 보니 세심하게 관찰하게 되고 세심하게 관찰하다 보니 남이 보지 못한 불편한 점, 고쳐야 할 점 등을 보게 되는 거예요. 깊은 애정과 세심한 배려 속에서 위대한 발명품이 나와요. 인류에 대한 사랑에서 나오게 된 발명품 몇 가지를 더 살펴보도록 하지요.

전화기 없는 현대사회를 상상할 수 있을까요? 오늘날 중요한 통신수단으로 그 역할이 더욱 커지고 있는 전화기가 장애인 때문에 발명되었다면 믿을 수 있나요? 전화기를 발명한 사람은 우리가 잘 알다시피 바로 알렉산더 그레이엄 벨Alexander Graham Bell이에요. 그의 어머니는 말을 제대로 하지 못하는 청각 장애인이었어요. 벨은 어머니의 장애를 보면서 자연스레 장애인들에게 관심을 가졌지요. 그러면서 청각 장애인들을 가르치는 교사 훈련 학교를 세우기도 하고, 음성생리학을 연구하여 보스턴대학교의 교수가 되었어요. 음성생리학 교수가 된 그는 청각 장애인들에게 더욱 관심을 가져 여러 가지 연구를 시작했어요. 음성생리학으로 청각 장애인들에게 말하는 방법을 가르치던 그였기에, '귀가 들리지 않는 사람에게도 말할 수 있다면 금속판을 통해서도 말할 수 있을 것'이라고 생각했습니다. 이러한 생각의 발전은 결국 전화라는 세기 최대의 문명 발명품으로 이어졌어요.

요즘 아기들 돌잔치에 가면 커서 의사 되라는 바람에서 장난감 청진기를 올려놓지요. 의사 선생님의 상징처럼 여겨지는 청진기는 환자의 심장과 폐에서 나는 소리를 잘 듣기 위한 의료기기예요. 1819년에 프랑스의 내과 의사 르네 라엔네크René Laennec가 청진기를 발명했는데, 당시에는 진찰할 때 환자의 가슴에 직접 귀를 대고 소리를 듣곤 했어요. 남자 의사가 남자 환자를 볼 때는 괜찮은데, 여자 환자를 볼 때는 민망한 경우가 많았어요. 진찰을 하려면 여자 환자의 가슴에 귀를 대어야 했으니까요. 그러다 어느 날 우연히 라엔네크는 종이를 말아 가슴에 대고 소리를 들어보았어요. 의외로 소리가 잘 들리는 것을 깨닫고 직접 환자의 가슴에 귀를 대지 않고도 소리를 들을 수 있는 기기인 청진기를 만들 수 있었어요. 여자 환자들을 배려하는 마음에서 발명이 시작되었지요.

　이처럼 모든 문제 해결의 첫 열쇠는 사랑과 관심, 배려입니다. 주변을 사랑의 눈으로 바라보세요. 새로운 창조를 시작할 수 있을 거예요.

열린 사고로
실패까지도 수용하라

늘어난 양수 덕분에 태아의 움직임도 활발해져 머리를 도리도리 흔들거나 손발을 따로 움직이기도 해요. 내이(內耳)가 완성되어 자궁 밖에서 나는 소리도 직접 들을 수 있고요. 엄마는 혈액량이 급격히 늘어나 피가 묽어지기 쉬우니 철분과 칼슘을 많이 섭취하세요. 우유나 뼈째 먹는 생선의 양을 늘리고 영양제도 복용하세요. 이제 태담 태교를 아빠도 함께하도록 해보세요. 태아가 아빠에게도 사랑받고 있다는 행복감을 느낄 수 있게요.

벌써 임신 4개월의 마지막 주네요. 저는 4개월쯤에 잠이 참 많았답니다. 울렁거리는 속을 진정시키기 위해 간식을 조금 먹었을 뿐인데도 식곤증이 오고, 지하철을 타고 가면서 깜박 조는 바람에 목적지를 지나쳐 내리는 일이 자주 있었어요. 허둥지둥 내리느라 물건을 두고 내리는 실수도 많이 했고요.

그리고 보면 학교 다닐 때도 참 많은 실수를 저지르곤 했던 것 같네요. 학창시절에 시험을 볼 때면 다들 이런 실수를 해보셨을 거예요. 다 아는데 문제를 잘못 읽거나 답안지를 잘못 써서 틀린 적, 있으시지요? 전 시험지에 다 풀어 답을 표시해놓고 정작 답안지는 백지로 낸 적도 있어요. 이런 실수를 하고 나면 스스로도 무척 속상한데, 부모님이나 선생님이 혼내시면 서

러움이 더했던 기억이 나네요. 학교 다닐 때는 되도록 실수하지 않고 완벽하게 답을 내는 연습을 많이 했던 것 같아요. 그래서인지 우리 생각 속에서 '실수'와 '실패'는 멀리하고 싶은 것으로 자리 잡고 있어요.

그런데 사람은 많은 실수를 저지르며 삽니다. 학창시절 외웠던 간단한 영어 문장 중에 이런 게 있네요.

> To error is human, to forgive is divine.
> 과오는 인간의 일이요, 용서는 하나님의 일이다.

오죽하면 이런 표현까지 나왔을까요.

하지만 실수와 실패가 항상 나쁜 것은 아닙니다. 세상 사람들에게 편리함을 가져다준 세계적인 발명 가운데 많은 것들이 사실은 실수와 실패에서 시작된 거라는 사실, 알고 계신가요? 우리 생활 속 아주 가까운 곳에서 찾을 수 있는 실패에서 비롯된 발명 이야기를 살펴보도록 하지요.

식사 후의 입 냄새를 없애거나 졸음을 쫓기 위해 자주 씹는 껌, 이 껌이 사실은 실패에서 태어난 발명품이에요. 요즘 껌의 기본 재료는 치클chicle인데, 사포딜라sapodilla라는 식물에게서 얻은 일종의 고무입니다. 1870년, 미국인 토머스 애덤스Thomas Adams는 아들 호레이쇼Horatio와 함께 말린 치클로 값싼 합성 고무를 만들려고 했지만 계속 실패했어요. 그는 거듭된 실패

에 자포자기하는 심정으로 치클을 씹어보았어요. 의외로 씹는 즐거움이 있음을 깨닫고 즉시 이 새로운 용도에 맞게 개발해서 치클 껌을 발명했어요. 당시에는 갖가지 재료로 만든 껌이 팔리고 있었으나 애덤스 부자가 개발한 치클 껌은 인기를 얻어 금세 시장을 점령했어요.

양복이나 한복, 오리털 파카, 겨울철 니트 등 물빨래를 하지 않는 옷들은 세탁소에 맡겨서 드라이클리닝dry-cleaning을 하는데, 물에 적시지 않고 석유계 유기용제를 이용해서 빤다고 해서 드라이클리닝이라고 부르지요. 19세기 중반 프랑스의 장-밥티스트 졸리Jean Baptiste Jolly가 연료로 사용하던 캄펜camphene, $C_{10}H_{16}$이라는 유기용제를 옷에 흘리는 실수를 하면서 드라이클리닝이 시작되었어요. 실수로 연료를 옷에 쏟았으니 비싼 옷을 버렸다고 속상해하던 졸리는 의외로 옷이 깨끗해진 것을 보고 아이디어를 얻어 1855년에 최초의 드라이클리닝 회사를 차렸어요.

　사무실에서 유용하게 쓰이는 소품 가운데 메모용 포스트잇post-it이 있어요. 알록달록한 색깔에 다양한 모양으로 눈길을 사로잡을 뿐 아니라 손쉽게 붙이고 뗄 수 있어 아주 편리해요. 이 포스트잇 역시 실패에서 태어난 제품이지요. 3M이라는 접착제 회사는 기존 접착제 제품을 향상시킬 새로운 물질을 연구하고 있었어요. 하지만 이 연구는 실패로 끝나고 말았지요. 원료 배합을 잘못해 너무 쉽게 떨어져 버렸기 때문이에요. 4년 후, 교회에서 성경 구절을 표시하려 꽂아두었던 메모지가 쏟아져 내려 당황하는 동료를 보며 쉽게 떼었다 붙일 수 있는 메모지가 없을까 궁리하던 3M의 연구원 스펜서Spenser와 동료는 4년 전의 실패를 떠올렸어요. 실패한 접착제를 메모지에 적용해서 쉽게 붙이고 뗄 수 있게 만든 포스트잇은 이제 사무실의 필수품이 되었어요.

　우리가 매일 쓰는 욕실에서도 실수에서 만들어진 발명품을 찾아볼 수 있어요. 바로 물에 뜨는 비누지요. 어느 날 점심시간, 일본의 비누 공장에서 한 직원이 실수를 했어요. 대부분의 직원들이 점심을 먹으러 간 사이에 기무라木村라는 직원은 혼자서 비누 원료를 끓이고 있었어요. 그만 꾸벅꾸벅 졸다가 점심시간이 끝날 무렵 갑작스런 소란으로 잠에서 깬 기무라는 얼굴이 새파랗게 질리고 말았지요. 비누 원료가 너무 끓어 가마솥 밖으로 모두 넘쳐버린 거예요. 이를 지켜본 비누 회사의 후지무라藤村 사장은 직원의 실수보다는 비누가 타지 않고 거품이 많이 생겼다는 것에 집중했어요. 비누 원료를 다시 쓸 수 있겠다고 생각한 후지무라 사장은 거품과 비누를 번갈아 생각하게 되었습니다. '거품 같은 비누? 가벼운 비누?' 이런 생각을 하다가 방콕을 여행할 때 본, 강에서 목욕하는 사람들을 떠올렸어요. 만약에 강에서 목욕하다가 비누가 물속에 빠지게 되면 찾기 힘들 거라는 데까지 생각이 미쳤어요. 이때 물에 둥둥 뜨는 비누라면 아주 편리할 것이란 아이디어가 떠올랐어요. 후지무라 사장은 이 거품으로 비누를 만들기 시작하여 물에 뜨는 가벼운 비누를 만들어냈어요. 이것이 바로 '물에 뜨는 아이보리'라는 비누예요. 직원 한 사람의 실수를 나무라지 않고 새로운 발명의 발판으로 삼은 후지무라 사장은 아이보리 비누 하나로 대단한 명예와 부를 가지게 되었어요.

이처럼 과학사에는 실패와 실수로 만들어진 발견 및 발명품이 수없이 많아요. 만일 이런 발명을 한 발명가들이 실수한 것을 마음에 담아두고 '그 실수가 없었으면 성공할 수 있었을 텐데……'라면서 후회했다면 이 발명품들이 오늘날 세상에 존재할 수 있을까요? 아마도 실패라는 함정에 갇혀서 새로운 발명은 꿈도 꾸지 못했을 거예요. 자신들의 실수와 실패까지도 있는 그대로 받아들이고 새로운 아이디어를 찾는 열린 사고를 했기 때문에 발명에 이를 수 있었던 거예요.

어느 젊은 기자가 세계적인 발명왕 에디슨에게 이렇게 질문했다고 해요.

"에디슨 씨, 당신은 그 발명을 만 번이나 실패했다는데, 지금 어떤 기분이신지요?"

에디슨은 그 젊은 기자에게 아무렇지 않은 듯 이렇게 대답했다고 합니다.

"젊은이, 자네에게 장차 큰 이익이 될 수 있는 사고방식 하나를 알려주겠네. 나는 만 번 실패한 것이 아니라 효과 없는 만 가지의 방법을 발견한 것이라네."

에디슨이 발명왕이라고 불릴 수 있었던 비결을 잘 설명해주는 일화예요. 실패까지도 새로운 발견으로 수용하는 이런 열린 생각 덕분에 에디슨은 세계에서 가장 많은 발명을 남긴 사람, 1,093개의 미국 특허를 낸 사람이 될 수 있었어요.

오늘, 내가 실수하고 실패했다고 느끼는 것이 있나요? 다시 잘 살펴보면 새로운 생각, 새로운 성공으로 이어지는 길이 될 수 있답니다.

제5장

눈

5개월(17주~20주)

모든 지식은 관찰에서부터 시작된다

태아는 이마를 찡그리거나 울상을 짓는 등 표정을 짓기 시작해요. 눈꺼풀은 덮여 있는 상태지만 망막은 빛의 자극에 반응할 수 있어요. 단맛과 쓴맛을 구분하고 조용한 소리에는 안정감을 느끼며, 시끄러운 소리에는 불안감을 느끼기도 해요. 엄마는 얼굴에 임신성 기미가 나타나지만 출산 후에는 사라지니까 너무 걱정하진 마세요. 좋은 그림을 보고, 즐거운 음악을 들으면서 밝은 마음을 갖도록 하세요.

드디어 태아의 눈이 움직이기 시작했어요. 아직은 망막에 덮여 있는 상태지만 빛을 감지하고 눈동자를 움직여 따라가기도 해요. 태어날 때는 완전한 눈을 가지고 엄마, 아빠의 얼굴을 보게 될 거예요. 그리고 세상의 많은 것들을 보면서 많은 것을 알아가겠지요. 실제로 사람이 받아들이는 정보의 80% 이상이 눈을 통해 들어온다고 해요. 보는 것만 잘해도 많은 것을 알 수 있다는 이야기이지요. 보는 것을 잘해서 많은 지식을 얻은 사람의 이야기를 소개할게요.

예전에 현대그룹에서 처음 농구팀을 만들었을 때, 당시 정주영 회장이 처음으로 농구 경기를 관전했습니다. 그때 정주영 회장은 이렇게 이야기했다고 합니다.

"이 경기에서 이기기 위해서는 바구니에 들어가지 않고 튀어나오는 공을 잘 잡는 게 중요하겠어. 그걸 잘하면 이길 거 같아."

농구 경기를 처음 보는 정주영 회장은 '리바운드rebound'라는 말도 몰랐지만, 리바운드의 중요성을 간파했던 것이지요. 누가 가르쳐주지 않았는데도 농구라는 게임에서 이기기 위해서는 리바운드를 장악해야 한다는 핵심을 파악한 거예요. 정주영 회장이 날카로운 통찰력을 가졌음을 이 이야기에서 알 수 있어요. 농구에서는 상대 바스켓에 더 많은 골을 넣는 팀이 이겨요. 당연히 공을 가장 많이 넣는 선수가 훌륭한 선수예요. 하지만 한 번 더 생각해보면 리바운드를 장악하는 팀이 게임을 장악하는 것이지요.

많은 일에는 핵심이 있어요. 어쩌면 바로 눈에 보이는 것보다 그 뒤에 더 중요한 핵심이 있는지도 몰라요. 코스닥 KOSDAQ이 열풍이고 IT 기술 회사들이 우후죽순처럼 생겨났을 때, 사람들이 기술을 가진 회사에 투자하는 것이 유행이었어요. 인터넷으로 사람들이 모이고, 제대로 된 사무실이라면 책상 위에 PC 하나는 기본적으로 올려놓는 것이 당연하다고 여겨졌어요. 다양한 기술을 가진 회사들이 등장하며 주목받았을 때, 벤처기업에 전문적으로 투자하는 사람이 저에게 다음과 같은 질문을 했어요.

"이렇게 IT, PC, 인터넷 등이 폭발적으로 늘어나면 기본적으로 반도체 만드는 회사가 유망한 거 아닐까?"

그의 말은 사실로 판명되었어요. 반도체를 만드는 삼성전자, 하이닉스는 지금도 우리나라 주식시장을 선도하는 기업이에요. 생각해보면 그도 무엇인가 핵심을 발견한 것이지요. 벤처가 붐이고, 코스닥이 열풍이었을 때는

아무 말도 않던 사람들이 그 열풍이 사그라지고 거품이 꺼질 때, 코스닥 열풍을 서부 개척기의 금광에 비유했어요. 금맥을 발견하는 사람보다는 결국 청바지를 만들어서 파는 사람들이 돈을 벌더라는 말들을 많이 했어요. 테헤란 밸리에 많은 벤처기업들이 생겼을 때, 결국은 가구 장사들과 인테리어 회사들만 돈을 벌었다는 것이지요. 실제로 야후Yahoo와 같은 기술주들이 선풍적인 인기를 끌며 나스닥NASDAQ의 열풍이 불었던 2000년경에 투자의 귀재인 워런 버핏Warren Buffett은 자신이 제대로 이해하지 못하는 기술주에는 투자하지 않았어요. 대신 그는 카펫 회사에 투자해서 큰돈을 벌었어요. 아마 버핏이 투자하지 않았던 많은 벤처기업은 다른 사람에게 투자받은 돈으로 버핏이 투자한 회사의 카펫을 사서 인테리어를 했을 거예요.

"농구에는 리바운드가 중요하다. 금광을 캐던 사람들은 돈을 못 벌었고,

청바지를 팔던 리바이스는 돈을 벌었다.”

이런 말을 듣고 있으면 무엇인가 뒤통수를 치며 주변을 보라고 나에게 충고하는 것 같은 기분이 듭니다. 하지만 어떻게 나의 일에 ‘리바운드’나 ‘리바이스’와 같은 통찰력을 발휘할 수 있을까요?

통찰력을 발휘하기 위해서는 우선 잘 봐야 해요. 내가 하는 일, 내가 소중하게 생각하는 가족, 나의 인생을 한 발짝 떨어져서 보는 겁니다. 그건 어쩌면 아주 쉬운 일이면서도 우리가 좀처럼 생각하지 못하는 일이지요. 우리는 자기 주변을 보지 않는 경우가 많아요. 너무나 익숙해서 누구보다도 잘 알고 있다고 생각하지만 정작 어떤 모습인지 제대로 알지 못하는 경우가 많지요. 학교에서 말썽꾸러기가 사고를 쳐서 학부모를 오라고 했을 때, 집에서는 얌전한 아이가 이런 일을 했다니 믿을 수가 없다며 하소연하는 모습을 자주 볼 수 있어요. 부모보다 자녀를 더 잘 아는 사람이 있을까 싶지만 때로는 교사나 이웃들이 아이의 참모습을 더 잘 알 수 있어요. 외부의 시각은 선입견이 없기 때문에 더 정확할 수 있는 것이지요.

2002년 월드컵을 앞두고 좋은 성적을 거두기 위해 거스 히딩크_{Guus Hiddink} 감독이 처음 한국에 왔을 때, 히딩크는 한국 축구에 대해 이렇게 말했어요.

“한국 선수들은 기술이 아주 좋습니다. 하지만 체력이 약합니다.”

히딩크 감독의 분석은 사람들이 생각하는 것과 정반대였어요. 당시 우리나라 사람들은 한국 축구에 대해서, 기술은 떨어지지만 근성으로 악으로 깡으로 하는 것에는 자신이 있다고 믿고 있었어요. 하지만 히딩크는 비디오를 보여주며 오른발과 왼발을 모두 사용하는 선수는 국제적으로 그리 많지 않은데, 한국 선수들은 양쪽 발을 모두 사용하고 개인적인 기본기가 좋다고 평가했어요. 그러나 체력이 약해서 아무리 악으로 뛰어도 후반 30분이 넘어가면 제 기량을 발휘하지 못한다고 했어요. 우리가 기술이 떨어진다고 봤던 것을 그는 축구를 즐기지 않고 단지 열심히만 하기 때문에 센스가 부족하고 영리한 축구를 하지 못한다고 진단했어요. 그가 한 말 가운데 몇 가지가 기억납니다.

"애국심으로는 16강에 갈 수 없다."

"축구를 즐기면 경기를 지배하게 되고 결국 게임에서 승리하게 된다."

또 한 가지, 볼 때에는 기본 가정이나 조건 없이 보라는 거예요. 우리가 흔히 이야기하는 선입견 없이 보는 것이지요. 보고 싶은 것을 보는 것이 아니라, 보이는 것을 보는 것입니다. 화가가 그림을 그릴 때, 그리는 시간보다 모델을 관찰하는 시간이 훨씬 길어야 좋은 그림을 그릴 수 있다고 해요. 무의식 속에 그림은 이렇게 그려야 한다는 고정관념이 박히면 예리하고 분석적인 관찰력을 무력하게 만들어, 있는 그대로를 보지 못하게 한다고 해요. 그런 고정관념을 깨뜨리지 못하면 실제로 보이는 형태보다 마음속에 간직된 형태를 묘사하는 실수를 저질러 자신의 모습이나 다른 이미지들이 투영된 그림을 그리게 된다고 하네요. 창의적인 시각은 있는 그대로를 가감 없이 볼 수 있는 눈이에요.

'아는 만큼 보인다'고 하지만 사실은 관념에서 해방되어야 있는 그대로를 볼 수 있고, 있는 그대로를 본만큼 알게 되는 거예요.

생각을 보면서 정리해라

태아의 움직임이 빨라져서 발길질을 하기도 해요. 이런 움직임은 때때로 엄마도 느낄 수 있을 정도예요. 이렇게 태동이 느껴진다면 엄마는 배를 쓰다듬으며 태아에게 말을 걸어보세요. 태동은 태아가 엄마에게 자신의 존재를 알리는 것이기 때문에 적절히 반응해주는 것이 좋아요. 태동을 느끼는 순간 기쁨과 함께 불안감이 밀려올 수도 있어요. 출산 후에 벌어질 일들에 대해 미리 예측하고 마음의 준비를 단단히 하시길 바랄게요.

아기가 생겼다는 것만으로는 실감이 나지 않다가 초음파를 보며 불러오는 배만큼 자라는 아기 모습을 보면 감동을 받으시죠? 백문이 불여일견이라는 옛말이 맞는다는 생각도 들고요. 조금 빠른 엄마들은 이제 태동을 느끼기도 할 텐데 그럼 아기의 존재가 더 크게 다가올 거예요. 아기가 태어나 직접 보게 되면 또 얼마나 놀라울까요? 보이지 않는 것과 눈으로 보는 것은 뇌의 활동, 특히 기억에 있어 엄청난 차이를 가져온답니다.

먼저 오늘의 이야기를 도와줄 비밀번호 하나를 외워볼까요?

'4269.' 이 네 자리 숫자를 외워두세요.

방금 전 여러분은 비밀번호를 외웠을 거예요. 그런데 그 번호를 어떻게 외웠나요? 입으로 소리 내어 '사이육구'라고 몇 번 말하면서 외웠을 수도 있고, 손가락으로 숫자를 써서 외웠을 수도 있어요. 만일 이 비밀번호가 은행계좌 비밀번호, 전화번호 뒷자리거나 디지털 도어락 비밀번호라면 위 그림 같은 번호판을 떠올리면서 외우는 방법도 있을 거예요. 이렇게 그림으로 번호를 외우면 웬만해서는 잊어버리지 않아요. 언어를 담당하는 좌뇌를 더 많이 쓰는 사람은 말로 소리 내어 외우는 편이고, 시각을 담당하는 우뇌를 더 많이 쓰는 사람은 숫자를 직접 쓰거나 그림으로 시각화해서 외우는 경향이 있어요.

문제나 생각을 그림으로 나타내어 정리하면 훨씬 더 쉽게 이해하고 쉽게 풀 수 있어요. 간단한 초등학교 4학년 문제 하나를 풀어보도록 하지요.

수학 문제를 풀려면 일단 숫자에 집중하게 되고 그 숫자를 가지고 어떤 계산을 해야 될 것 같은 생각에 사로잡혀요. 8m 간격이라는 말은 나눗셈 문제에서 많이 본 듯하고, 나눗셈은 보통 큰 수를 작은 수로 나누는 계산이니까 48을 8로 나누면 될 것 같아요. 계산하면 $48 \div 8 = 6$, 그래서 여섯 그루라는 답을 얻지요.

아마 많은 4학년 학생들이 이런 식으로 문제를 풀 거예요. 그런데 문제는 답이 틀렸다는 것이지요. 아마도 이렇게 문제를 푼 학생들에게 엄마들은 "왜 넌 문제를 제대로 읽지 않니?"라고 하면서 혼낼 거예요. 이 문제는 그 내용을 그림으로 그려서 생각하면 쉽습니다.

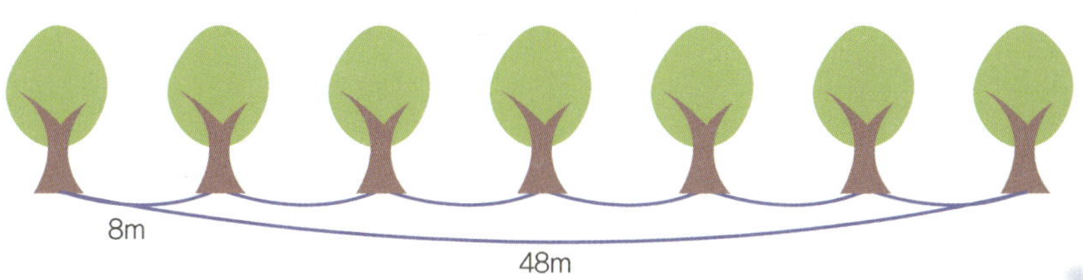

8m 간격은 $48 \div 8 = 6$으로 여섯 개 있는데, 한쪽 끝에서 다른 쪽 끝까지 나무를 심으면 나무의 수는 간격의 수보다 한 그루 더 많기 때문에 구하는 답

은 일곱 그루가 됩니다.

아주 간단한 문제인데, 의외로 많은 아이들이 눈에 보이는 숫자와 계산에만 집착해서 문제를 제대로 이해하지 못해요. 문제를 풀기 전에 먼저 그 내용을 제대로 이해하는 것이 순서이지요. 그림을 그리면 문제 속에 주어진 상황이 명확하게 정리되고 답이 눈에 보여요.

사실 많은 발명과 학문의 발전이 시각화를 통해 이루어졌다고 해도 지나치지 않아요. 마르크스Karl Marx의 공산주의와 프로이트Sigmund Freud의 정신분석학의 탄생에도 결정적으로 영향을 미쳤고, 철학과 사회학·정치학·경제학 등 인문사회학에 큰 영향을 준 진화론의 탄생에는 나무 모양 그림이 있었어요. 다윈Charles Darwin은 1831년, 해군측량선 비글Beagle호를 타고 떠나 갈라파고스Galapagos 제도에서 자연선택에 대한 아이디어와 자료를 얻었어요. 1837년, 다윈은 비밀 노트에 한 종이 새로운 종으로 가지치기를 해 나가는 계통도를 처음으로 그렸어요. 다윈은 많은 문제들을 해결하기 위해 다이어그램을 사용했는데, 첫 번째 나무 다이어그램(계통도 또는 계통수)을 그린 후 15개월 이내에 진화론의 주요 문제들이 해결되었어요. 생물이 자연환경에 적응하면서 스스로 진화하거나 멸종한다는 그의 이론은 1859년에『종의 기원Origin of Species』이라는 이름의 책으로 발표되었어요.

또한 시각화를 통해 사물에 대한 새로운 관점을 가질 수 있어요. 수학은 수를 다루는 대수학과 도형을 다루는 기하학으로 나뉘어 발전해왔어요. 그런데 직선 위의 한 점과 수를 짝지으면 어떨까 하는 데카르트René Descartes의 아주 간단한 아이디어로 혁명적인 발전에 이르게 되었지요. 직각으로 만나는 두 개의 수직선을 각각 x축, y축이라 하고, 만나는 점에 (0,0)이라는 좌표를 줌으로써 평면 위의 모든 점은 좌표라고 하는 각각의 이름을 갖게 됩니다. 평면 위의 직선들은 1차 방정식의 형태로 나타낼 수 있고 원, 타원, 포물선, 쌍곡선은 2차 방정식으로 표현할 수 있게 됩니다. 데카르트 좌표를 통해 도형에 관한 문제를 대수 문제로, 대수 문제를 도형 문제로 바꾸어 생각할 수 있게 된 것이지요. 이를 통해 해석기하학이라는 새로운 분야가 생겨났고 미적분학의 발견으로 이어졌어요.

내일 스케줄을 수첩에 적거나 시장을 보러 가기 전에 뭘 사야 할지 장보기 목록을 적는 것, 책을 읽거나 전화 통화를 할 때 메모하는 것 역시 일종의 시각화라고 할 수 있어요. 그림이 아니라 문자의 형태로라도 스케줄이나 사야 할 물건의 목록을 적고, 보고 듣는 내용을 메모함으로써 머릿속에 복잡하게 뒤섞여 있던 것이 한눈에 볼 수 있는 형태로 정리됩니다. 메모를 하고 쓰면서 생각하고 문제의 상황을 간단하게 그림으로 나타내는 작업 등이 모두 시각화를 통한 문제 해결이에요. 가끔은 우리의 눈이 문제를 해결한다는 생각까지 들기도 해요. 눈으로 잘 보며 관찰하는 것으로 많은 문제들의 해결책이 나오니까 말이에요.

참, 이 장의 맨 처음에 외웠던 비밀번호가 뭐였는지 기억하시는지요? 잘 기억나지 않는다면 다음의 번호판을 보고 다시 한 번 기억해보세요.

역시 시각화한 것이 추상적인 기호로만 외우는 것보다 더 잘 기억되지요?

19주 새로운 관점을 가져라

하루하루 갈수록 태아의 움직임이 힘차질 거예요. 이제 태아의 키는 약 25cm, 체중은 300g 정도 된답니다. 머리 둘레는 4.5cm까지 자라 머리가 몸 전체의 3분의 1 정도가 되지요. 이 시기에는 어른에 육박할 정도로 신경세포의 수가 많아진다고 해요. 엄마는 태아의 감각기관 발달에 자극을 주는 쪽으로 태교의 방향을 잡으세요. 특히 청각이 발달할 때이므로 음악을 꾸준히 듣는 것이 좋아요.

태아의 기억력을 담당하는 뇌가 발달해 이제 엄마, 아빠의 목소리도 기억할 수 있게 되었어요. 이럴 때는 태담을 많이 해서 다정한 엄마, 아빠의 사랑을 전하는 게 중요해요. 무슨 이야기를 할까 매일 고민되시죠? 책을 읽어주기도 하고 나중에 태어나면 같이 할 재미있는 생활 이야기 등 새로운 소재를 궁리하게 되는 때입니다.

새로운 아이디어는 언제, 누구에게 필요할까요? 언뜻 생각하면 예술가나 과학자에게만 필요한 것 같아요. 조금 더 생각해보면 회사에서 신제품을 개발하는 연구원이나 효과적인 마케팅 기법을 필요로 하는 영업 사원, 사람들의 이목을 끌어당길 획기적이며 특별한 광고를 만드는 광고 기획자 같은 사람에게도 필요할 것 같아요. 그런데 이렇게 업무적으로 필요한 사람 말고 우리에게도 언제나 새로운 아이디어가 필요해요. 가족 모임을 좀 더 재미있고 근사하게 해줄 아이디어, 옷장 속에 있는 옷만으로 새 옷처럼 입을 아이디어, 하다못해 '저녁 반찬으로 뭘 할까?' 하는 주부들의 평범한 고민을 해결하기 위해서도 새로운 아이디어는 필요해요.

새로운 아이디어를 내는 것은 참 어려운 일인데, 어떤 때는 어이없게 너무도 쉽게 찾아지기도 해요. 때로는 매우 열심히 집중하고 오랜 시간 동안 생각해도 전혀 아무런 아이디어가 생각나지 않다가도, 아주 사소한 것을 계기로 놀랄 만한 획기적인 아이디어가 문득 떠오르곤 합니다. 한 가지 분명한 것은, 아이디어는 주어진 상황에서 열심히 생각하는 것보다는 무엇인가 엉뚱한 상황에서 더 많이 얻어진다는 거예요.

제 전공이 수학이라서 그런지, 뭐든 수식으로 표현해보는 버릇이 있어요. 우리의 생각을 간단한 수식으로 표현하면 다음과 같을 거예요.

$$생각 = 인식 + 처리$$

인식은 사물을 보는 시각을 말해요. 첫인상이나 느낌 같은 것, 그리고 기존의 경험을 바탕으로 사물이나 사건을 받아들이는 것이 인식이지요. 사람들은 생각의 과정에서 인식을 위해 보통 2초 정도를 사용하며, 나머지 시간들은 대부분 처리 과정에 사용한다고 해요. 인식은 소홀하게 다뤄지고 처리 과정만 중요하게 받아들여지는 셈이지요.

그러나 새롭고 획기적인 아이디어를 창출하는 데 가장 중요한 것은 인식이에요. 같은 방법으로는 다른 결과를 기대할 수 없는 게 당연한데, 처리 과정에서는 다른 방법을 찾기가 어려워요. 그렇기 때문에 새로운 아이디어를 얻기 위해서는 남들과는 전혀 다른 관점에서 문제를 인식해야 해요. 새로운 생각을 얻는 유일한 방법은 대상을 바라보는 시각을 바꾸는 거예요. 새로운 인식이란 구체적으로 무엇을 의미할까요? 다음 그림을 보면서 같이 생각해봅시다.

〈그림 1〉을 두 개의 도형으로 나누어보세요. 사람들은 보통 〈그림 1〉의 도형을 〈그림 2〉처럼 나눕니다. 그런데 어떤 특이한(?) 사람들은 〈그림 1〉을 〈그림 3〉처럼 나누기도 합니다.

일반적인 시각이 아닌 다른 시각을 갖는다는 것이 바로 〈그림 3〉처럼 나누는 것이지요. 새롭고 독창적인 아이디어는 남들과는 다른 시각으로 〈그림 1〉을 〈그림 3〉처럼 나눌 때 나올 수 있어요.

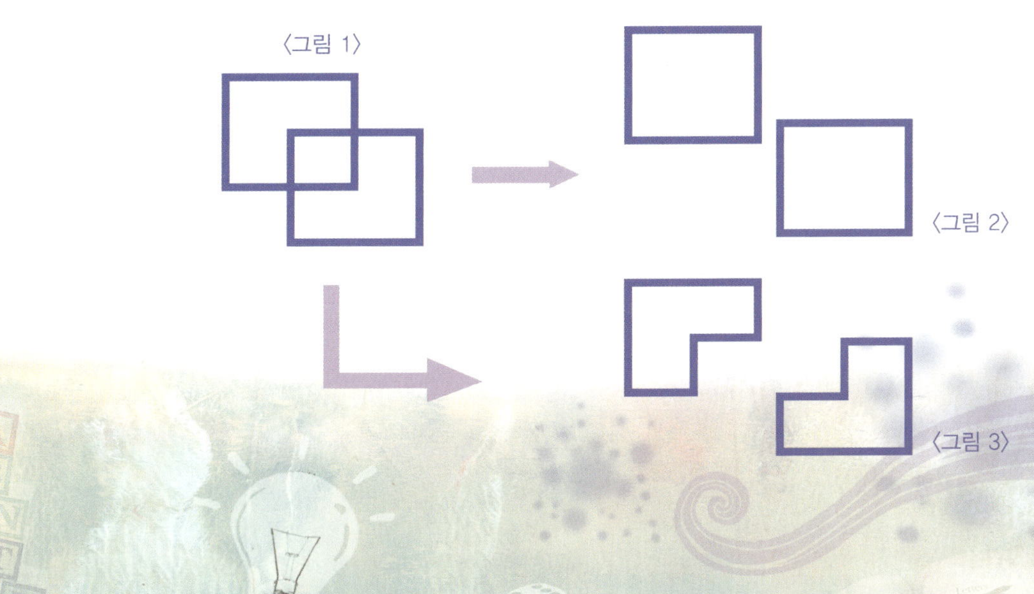

같은 것을 보면서도 다른 생각을 할 수 있는 이유는, 같은 것을 다른 시각에서 볼 수 있기 때문이에요. 우리는 같은 것이라도 충분히 다른 시각으로 볼 수 있어요. 특히 엄마는 아이의 모습을 남들과 다른 시각으로 볼 수 있어야 합니다. 성공한 CEO인 제너럴일렉트릭GE의 잭 웰치Jack Welch의 어머니가 그랬던 것처럼 말이에요.

지금은 대중들 앞에서 거침없는 말솜씨를 자랑하는 잭 웰치이지만 어릴 적에는 심한 말더듬이였대요. 말 더듬는 버릇 때문에 그는 엉뚱한 상황에 처하기도 했어요. 학교 식당에서 참치 샌드위치 한 개를 주문하면 종업원이 항상 두 개를 줬다는 일화는 유명합니다. 왜냐하면, 영어로 참치를 뜻하는 튜나tuna를 잭 웰치는 '튜-튜나'라고 발음해서 종업원이 '투 튜나two tuna'로 알아들었기 때문이에요. 그래서 친구들의 놀림감이 된 그는 자신감이 없는 소년이었죠.

하루는 어린 잭 웰치가 울면서 집에 들어왔다고 해요. 말을 더듬는다고 친구들이 놀렸던 거죠. 그런 그에게 어머니는 이렇게 말했다고 합니다.

"네가 너무 똑똑하기 때문에 그런 거야. 너처럼 똑똑한 아이의 머리를 너의 혀가 따라오지 못해서 그런 거야."

어머니는 그의 혀가 나쁜 것이 아니라 머리가 너무 좋다는 시각으로 이야기했어요. 그 후로 잭 웰치는 자신이 말 더듬는 것을 창피하게 생각하지 않았고 자신감을 가졌어요. 심지어 그의 고등학교 때 친구들은 잭 웰치를 학교에서 가장 말이 많고 시끄러웠던 친구로 기억하고 있다고 합니다. 그가 말 더듬는 버릇에 크게 신경 쓰며 소극적인 사람으로 살았다면 GE라는

거대한 회사의 CEO가 되기 어려웠을 것이고 지금처럼 세계를 돌아다니는 강연자가 되기도 어려웠을 거예요. 어머니의 다른 시각 하나가 어린 잭 웰치의 인생에 매우 소중한 마음가짐을 주었고 그의 성공에 가장 큰 힘이 된 거예요.

남들과 똑같은 시각으로는 새로운 것, 소중한 것을 발견할 수 없어요.

오늘, 조금은 다른 시각으로 일상을 바라보는 건 어떨까요? 평소에는 그냥 지나쳤던 새롭고 소중한 보물을 찾아낼 수 있을 거예요.

20주 당신의 눈을 믿을 수 있는가?

태아는 몸놀림이 더욱 활발해지면서 엄마의 배를 쿡쿡 쑤시기도 해요. 엄마의 몸도 가장 안정되는 시기이므로 체중 증가가 두드러져요. 태아가 커져서 근육 덩어리인 자궁이 갑작 스러운 증가에 수축하려는 성질을 보여 하루 4~6회 정도 배가 단단히 뭉치는 느낌을 받 기도 해요. 체중 증가에 따른 요통이나 소화불량, 어깨결림 등을 예방하고 증상을 완화시키 는 데는 욕조에 물을 받아놓고 하는 수중태교가 효과적이에요.

임신 초기에는 입덧 때문에 음식만 봐도 싫다는 임신부가 많지만 중기에 들어서면 식욕이 늘어 체중 조절에 신경 쓰는 경우가 더 많아져요. 태아에 게 갈 영양소는 제대로 공급하되 불필요한 군살은 붙지 않도록 식사 조절 을 하고 싶은 엄마들에게 좋은 팁을 하나 알려 드릴게요. 우선 오른쪽의 사 진을 볼까요?

어느 쪽의 접시를 선택해야 다이어트에 도움이 될까요? 왼쪽 접시엔 반 찬 몇 가지를 더 놓아야 할 것 같은 기분이 드는데, 오른쪽 접시는 가득 찬 것처럼 보여요. 분명히 접시 위에 놓인 음식은 둘 다 똑같은데, 왠지 양이 달라 보여요. 같은 양의 음식인데도 접시 크기에 따라 그 양이 달라 보이네 요. 큰 접시에 음식을 담으면 양이 적은 것으로 느껴져 더 많이 먹게 돼요.

그러니까 되도록이면 음식을 작은 접시에 담아 먹는 것, 이것이 다이어트
성공을 위한 팁이에요.

위의 그림에서 가로 선분과 세로 선분 중 어느 것이 더 길까요? 세로 선
분이 더 길어 보일 거예요. 그런데 실제로 길이를 재어보면 가로와 세로의
길이가 똑같아요. 그렇다면 길쭉한 컵에 담긴 음료는 넓적한 컵에 담긴 음
료보다 더 많아 보일 테니까 긴 컵을 쓰는 게 다이어트에 도움이 될 거란 결
론을 내릴 수 있겠지요. 실제로 미국 코넬대학교의 브라이언 완싱크Brian
Wansink 교수는 아이스크림을 큰 그릇에 담으면 섭취량이 31% 늘어나며,
큰 스푼을 사용할 때 작은 스푼을 사용할 때보다 14.5% 더 많이 먹게 된다

는 연구 결과를 내놓았어요.

앞의 사진과 그림을 보면서 이런 생각이 들어요.

'왜 우리는 똑같은 양의 음식인데 담은 그릇이 바뀌었다고 더 많이 먹을까? 우리의 눈은 제대로 된 정보를 뇌에 전달하고 있는 건가? 우리의 눈을 믿을 수 있을까?'

백 번 듣는 것보다 한 번 보는 것이 더 낫고, 눈으로 직접 보고 확인해야겠다고 하지만 사실 인간의 눈이 항상 올바른 정보를 주는 것은 아니에요. 인간의 눈은 주위 환경 등에 자주 속지요. 때로는 내 눈으로 직접 보고 확인한 것이 오히려 부정확하고 그릇된 정보일 수 있다는 이야기예요.

흑과 백, 검정색과 흰색을 확실하게 구분할 수 있나요? 아무리 눈이 나쁜 사람이라도 장님이 아니면 흑과 백은 쉽게 구분할 수 있다고 생각할 거예요. 그러나 과연 그럴까요? 위 그림을 보시지요.

이 그림은 흑백의 체스판 위에 원기둥이 놓여 있고 원기둥의 그림자가 드리워진 모습을 보여주고 있어요. 여기에서 A는 무슨 색인가요? B는 무슨 색인가요? 누가 봐도 A는 검은색, B는 흰색입니다. 이 말이 맞는다고 생각했다면 여러분의 눈은 속은 겁니다. 실제로 A와 B는 똑같은 색입니다. "아니, 어떻게 A와 B가 같은 색이야?" 하면서 말이 안 된다는 분들도 계시겠지요. 그런 분들을 위해 왼쪽 그림에서 A와 B 부분만 남기고 지워보았습니다.

우리의 눈은 올바른 정보를 제공하지 않습니다. 아니, 눈으로 들어오는 정보는 바른데 뇌라는 정보 필터를 거치면서 사실과 다르게 왜곡되지요. 앞의 착시 그림에서도 똑같은 색을 체스판이라는 맥락에서 바라보니까 흑과 백의 완전히 다른 색이 되는 것이지요.

이런 착시는 묘한 재미가 있어요. 그 묘한 재미는 내 눈이 나를 속일 수 있다는 점 때문이에요. 내가 옳다고 생각하는 것이 사실은 옳지 않을 수도 있다는 것을 깨우쳐줍니다. 내가 옳고 당연하다고 생각하는 것이 어쩌면 그렇게 믿도록 배워왔기 때문일 수도 있어요. 어쩌면 환경에 영향을 받고, 그렇게 되었으면 하고 바라는 것일지도 모릅니다. 이렇게 내가 틀릴 수도 있다고 생각하는 데에서 창의성은 시작되지요. 옳다고 생각하는 내 주장만 고집하는 것이 아니라 새로운 생각을 해내고 받아들일 수 있게 해주니까요. 나와 다른 다양한 생각을 수용하는 태도에서 창의적인 아이디어는 싹을 틔웁니다.

제6장
귀
6개월(21주~24주)

정보를 위해 귀를 열어두라

21주

태아는 머리카락이 짙어지고 눈썹과 속눈썹도 자라 있어요. 피부색은 붉고 아주 쭈글쭈글해요. 태아의 입속에는 아주 많은 미각 봉우리가 있어 단맛과 쓴맛에 신속하게 반응해요. 엄마는 아랫배가 많이 불러오고 신진대사의 변화로 땀을 많이 흘리게 돼요. 이 시기에는 섬유질을 충분히 섭취하고 하루에 물을 여덟 컵 이상 마시도록 하세요. 몸이 더 무거워지기 전에 바깥나들이도 많이 하시고요.

제법 묵직해진 배 때문에 외출하기가 조금씩 힘들어지지요? 차를 몰고 다니면 부담이 덜할 수도 있지만 임신 중 운전은 임신부를 긴장하게 해서 태아에게 좋지 않을 수 있습니다. 그러니 가급적 먼 거리 이동은 삼가고 짧은 거리는 운동 삼아 대중교통을 이용하는 게 좋아요.

지하철이나 버스를 탔는데 마침 자리가 났어요. 목적지에 도착하려면 30분 정도는 걸릴 것 같아요. 이 시간 동안 뭘 하면 좋을까요? 평소 일 때문에 피곤했다면 모자란 잠을 채우는 시간을 보낼 수 있을 거예요. 거울을 꺼내 화장을 고칠 수도 있을 테고요. 책이나 잡지, 신문 등 가벼운 읽을거리를 읽거나, 휴대폰으로 친구랑 통화할 수도 있겠고 게임을 하거나 음악을 들을 수도 있을 거예요. 어쩌면 스마트폰으로 TV 드라마를 보거나 인터넷 검색을 할 수도 있을 거예요.

  휴대폰이 우리 생활에 본격적으로 들어온 것도 벌써 10년이 넘었어요. 전화 통화는 물론 다이어리 대용, 사진 촬영과 음악 감상, TV 시청, 인터넷 검색까지도 가능한 다채로운 기능을 가진 휴대폰이 보급되면서 달라진 것이 있어요. 바로 혼자 있는 사람들의 모습이에요. 많은 사람들이 지하철이나 버스를 타고 어디론가 향하는 그 시간 동안 이어폰을 귀에 꽂고 휴대폰을 들여다보면서 반은 자신만의 세계에, 반은 여러 사람이 함께 있는 공개된 자리에 있어요. 거리를 걷거나 커피숍에 앉아 누군가를 기다리면서, 도서관에서 공부하면서도 이어폰을 꽂고 있어요. 이어폰이라는 도구로 자기가 원하는 정보만 받아들이고 나머지 정보가 들어오는 것을 막아버려 세상과 자신을 분리하고 있는 모습이에요.

  잡념을 쫓고 집중하기 위해서 이어폰을 쓰는 학생들도 많지요. 이어폰으로 음악을 들으면 소리에만 집중할 수 있어요. 그런데 왜 음악 감상을 할 때는 두 눈을 감을까요? 유명한 지휘자들이 지휘하는 모습을 보면 어떤 때는 눈을 감은 모습이 있기도 하고요. 두 눈을 뜨고는 음악 소리에 집중하기 어려운 걸까요? 실제로 사람의 뇌는 음악이나 복잡한 소리를 더 열심히 경청하기 위해 보는 능력을 낮춘다고 해요.

  웨이크포레스트대학교와 노스캐롤라이나대학교 연구팀은 사람들이 음악을 듣거나 다른 사람의 말을 경청할 때, 뇌 속에서 어떤 부분이 더 많이 일하는지 알아보는 실험을 했어요. 실험 결과, 경청을 하거나 음악을 듣는 동안 시력과 연관된 뇌 부분이 일하는 정도가 보통 때보다 떨어지는 것을

발견했어요. 또한 어려운 음악을 들을 때는 음악에 더욱 집중하려는지 시력과 연관된 부분의 일하는 정도가 더 떨어졌다고 해요. 우리의 뇌는 두 가지 정보를 다 받아들일 수는 있지만, 어느 한쪽을 선택해서 받아들이려고 하나 봅니다. 조용한 방에서 누군가와 말할 때는 그 사람이 어떤 옷을 입었는지, 방 안에 어떤 물건이 있었는지 어렵지 않게 기억할 수 있지만, 시끄러운 방에서 이야기를 나눌 때에는 나눈 이야기조차도 잘 기억나지 않는 것이 바로 이런 이유입니다.

이어폰을 끼고 음악을 듣거나 다른 일에 몰두하는 동안, 우리의 뇌는 다른 정보를 받아들이는 데에 둔감해요. 휴대폰으로 음악을 듣거나 게임을 하는 데에 너무 몰입해서 버스나 지하철에 물건을 두고 내리거나 내려야 할 곳을 놓친 경험이 있지요? 한번은 제 옆에 앉았던 사람이 우산을 두고 가서 알려주려고 불렀는데, 이어폰을 끼고 있어서 못 들은 채 그냥 내려버리더군요. 자신이 원하는 소리만 듣고자 할 때, 정말 중요한 소식을 듣지 못할 수 있는 게 아닌가 하는 생각이 들었어요.

외부의 소리에 귀 기울이는 사람은 뜻밖의 순간에 중요한 정보를 얻어요. 수학 시간에 '피타고라스Pythagoras의 정리'로 많은 사람을 괴롭혔던 고대 그리스의 수학자이자 철학자인 피타고라스가 그 대표적인 사람이지요. 피타고라스는 산책길에 늘 대장간을 지나다녔다고 합니다. 한적한 길을 걸으면서 생각을 정리하는 습관을 가졌던 피타고라스에게 대장간을 지날 때 나는 소리는 그의 생각을 어지럽히는 소음에 불과했어요. 피타고라스는 대장장이가 쇠막대를 두드리는 소리를 못마땅하게 생각했어요. 그런데 어느 날, 피타고라스는 자기가 못마땅하게 생각했던 그 소리를 다르게 듣게 되었어요. 소음이 아니라 하나의 '정보'로 받아들여 주의 깊게 들어보았어요. '딩, 딩' 울리는 쇠막대 소리가 계속되었는데, 잠시 후 소리가 바뀌었어요. 음은 똑같으면서도 높이가 다르게 들린 거예요. 왜 이런 차이가 생기는지 궁금해진 피타고라스는 대장간으로 찾아갔어요. 똑같은 망치로 두드리는데 왜 같은 듯 다른 소리가 나는지 궁금했던 피타고라스는 망치로 두드리는 두 금속의 길이가 달랐기 때문에 높이가 다른 소리가 난다는 것을 알아냈어요. 피타고라스는 평소에 소음으로 듣던 소리에 귀 기울여서 더 짧은 금속에서 더 높은 음의 소리가 난다는 사실을 발견했고, 이 소리는 훗날 옥

타브(8도 음정)로 알려지게 되었어요.

　우리가 새로운 발견을 잘 못하는 것은 이어폰을 끼고 있어서 외부의 소리를 잘 듣지 못하기도 하지만 우리 마음속에 '나 자신만이 옳다'고 하는 '자만'이라는 이름의 이어폰을 끼고 있어서인 경우도 많아요. 내게 아부하는 소리는 칭찬하는 소리로 듣고, 충고하는 소리는 나를 비난하는 소리로 잘못 듣는 고장 난 필터가 작동하는 경우도 많지요. 터키에는 다음과 같은 속담이 있어요.

　'듣는 것은 말하는 것보다 더 많은 지식을 필요로 한다.'

　내가 듣기 싫어하는 쓴소리에는 어떤 것이 있는지, 내가 평소에 흘려들어서 제대로 알아듣지 못했던 소리는 무엇인지 한번 생각해보는 건 어떨까요?

22주 아이폰에서 발견하는 창조의 원리

22주가 되면 태아는 양수를 먹고 소변을 누기도 해요. 뇌세포가 더욱 분화되며 태아의 정보 처리 능력이 상당히 높아져요. 엄마는 임신부 교실이나 육아 교실에 참여해 출산과 육아에 대한 정보를 알아두세요. 막연한 불안감이 사라지고 자신감이 생길 거예요. 또 같은 처지에 있는 임신부들끼리 정보를 공유하고 고민을 나눌 수 있어 심리적으로도 안정감을 느낄 수 있답니다.

이 세상에 태어난 모든 창조물 중 단연 으뜸은 역시 아기일 거예요. 사람뿐 아니라 동물의 알이나 새끼, 새싹 등은 탄생을 보는 것만으로도 경이감이 느껴질 정도지요. 하지만 이것은 사람이 아닌 신의 영역이에요. 그럼 사람이 창조한 것들 중에서 요즘 관심을 끄는 건 무엇일까요? 귀에 대해서 이야기하고 있으니 듣는 것과 관련된 발명품 중에서 한번 찾아볼까요?

듣는 것과 관련된 발명품 가운데 요즘 가장 인기 있는 것은 바로 애플의 MP3 플레이어인 아이팟과 휴대용 전화기인 아이폰이에요. 우리나라에 아이폰이 처음 출시되던 2009년 11월엔 예약자 수가 6만 5,000명이 넘었고, 이후 더 빠른 속도와 다양한 기능을 가진 새로운 버전의 아이폰이 나올 때마다 사람들이 큰 관심을 가지고 지켜볼 정도로 인기가 높아요. 2008년 우리나라의 한 민간경제 연구소의 조사 연구에 따르면 국내 CEO들은 '가장 영감을 많이 받은 제품'으로 애플의 아이폰을 단연 최고로 꼽았다고 합니다. 아이팟과 아이폰은 세계적인 베스트셀러이며 많은 경영자들에게 창조의 영감을 주고 있어요. 2011년 10월에 사망한 애플의 CEO 스티브 잡스는 전 세계적으로 가장 인기 있는 CEO로 매년 선정되었어요.

애플의 CEO 스티브 잡스는 어떻게 자랐기에 이렇게 전 세계 사람들에게 창조의 에너지를 전해주고 있는 걸까요? 그의 부모는 그를 어떻게 키웠을까요? 무언가 남다른 창의적 교육을 한 것은 아닐까요? 굉장히 좋은 부모에게서 잘 키워졌을 것이란 생각이 들지만 사실은 그렇지 않습니다. 스티브 잡스는 1955년 2월 24일, 샌프란시스코에서 태어났어요. 그런데 불행히도 태어나자마자 친부모에게서 버려져 중산층 출신의 폴과 클라라 잡스 부부에게 입양되었죠. 양부모이지만 스티브 잡스는 그를 키워준 부모님께 큰 존경과 감사를 항상 잊지 않았습니다. 그들은 스티브 잡스에게 사랑과 정성만을 준 것이 아니라 창의적인 성격 자체를 만들어주었어요. 잡스 부부는 아들에게 자신을 둘러싸고 있는 세계에 대한 관심과 개방적인 정신을 심어주기 위해 노력했고 그것이 창의적인 스티브 잡스를 만들었어요. 그는 자유분방한 교육 덕분에 매우 일찍 기술에 눈을 떴고 기존 질서에 의문을 제기하는 데도 주저하지 않았죠. 그는 유년 시절을 자신의 인생에 있어서 가장 멋지고 아름다운 시절이라고 망설임 없이 말해요.

잡스 부부는 스티브 잡스 특유의 자유분방한 정신과 배짱, 고집을 키워 줬어요. 그는 마운틴 뷰Mountain View 지역의 고등학교에 입학하게 되었는데

그곳의 분위기가 마음에 들지 않았대요. 그래서 다른 학교로 옮겨달라고 부모님을 설득했어요. 그런데 놀랍게도 고등학생에 불과한 그의 말을 들은 잡스 부부는 며칠 후에 전격적으로 로스 알토Los Altos로 이사를 합니다. 이사란 어른들이 결정하는 집안의 중대사인데도 불구하고 10대 청소년인 스티브 잡스의 주장과 의견에 따라 잡스 부부가 움직였던 거예요. 스티브 잡스는 훗날 사업에 큰 도움을 준 친구들을 만나는 홈스테드고등학교로 전학하게 된 겁니다. 그는 고등학교를 졸업한 후 오리건Oregon 주의 포틀랜드Portland에 있는 리드대학교에 입학하는데 이 역시 스스로의 결정이었고 중퇴도 잡스의 마음대로였다고 해요. 부모는 그와 의견을 나눈 것이 아니라 그냥 통보를 받는 정도였죠. 사실 그가 리드대학교를 중퇴한 이유는 부모님이 모아둔 저금을 자신의 입학금과 등록금으로 다 사용했다는 사실을 알고 결정한 것이었어요. 대학교를 중퇴했음에도 불구하고 스티브 잡스는 아무런 거리낌 없이 기숙사에서 숙식을 해결하고 흥미 있는 과목들을 자유롭게 수강했어요.

자유분방하며 자신의 일에 고집스럽게 집중하는 스티브 잡스의 창의성은 그를 키워준 잡스 부부의 영향이 매우 컸어요. 그는 한번 마음먹으면 반드시 해냈고 한번 고집을 부리면 절대 아무도 꺾지 못하는 성격이었죠. 특히 무엇보다도 남의 시선 따위에는 신경 쓰지 않고 오직 자신의 세계에 집중할 줄 알았어요. 그는 절대 좌절하는 성격이 아니었으며 항상 배짱과 여유로 남들이 생각하지 못한 독창적이고도 시대를 앞선 상품을 만들어내는 전형적인 창의적 천재의 모습을 갖고 있어요. 그런 그의 모습은 바로 그렇게 키워준 잡스 부부의 영향을 받은 거예요.

다시 아이폰에 대한 이야기로 돌아가지요. 아이폰 한 대가 얼마에 팔리는지 아시나요? 2011년 12월 기준으로, 아이폰 4S는 80만 원대의 가격으로 팔리고 있어요. 그렇다면 아이폰을 만드는 데 드는 돈, 즉 제조 원가는 얼마일까요? 애플의 아이폰에는 도시바Toshiba에서 공급하는 플래시메모리, 컬러 액정화면과 터치스크린, 삼성전자가 만든 마이크로 프로세스, SD램, 인피니온Infineon의 카메라 모듈, 베이스밴드 등이 들어가는데, 대략 20만 원 정도면 충분하다고 해요.

음성 통화 기술, MP3, 카메라, 터치스크린까지 모두 기존에 나와 있는 기술을 한데 모은 20만 원 정도의 기계이지만 애플 특유의 창조적 아이디어와 디자인을 덧입히면 80만 원으로 그 가치가 껑충 뛰게 됩니다. 이렇게 아이폰에는 새로운 기술이라고는 하나도 담겨 있지 않아요. 다른 사람들이 만들어놓고 다른 회사들도 생산하는 기술을 활용하여, 새로운 디자인과 콘셉트를 불어넣어 아이폰이란 신제품으로 탄생시킨 거예요. 이것이 바로 스티브 잡스가 가진 힘, 애플만의 창조 방식이에요. 그가 새로운 창조를 만드는 방법은 바로 '조합'이에요.

흔히 창조는 대단하고 놀라운 것이라고 생각해요. 하지만 애플같이 실제로 창조적인 영감을 주는 회사들의 구체적인 스토리를 보면 이런 환상에서 벗어나게 되지요. 창조는 대단한 것이 아니에요. 이미 개발된 기술과 기존에 사랑받았던 디자인을 재창조하고 새로운 콘셉트를 줌으로써 사람들에게 새로운 경험을 제공하는 것이 바로 창조의 핵심이지요.

이런 창조의 핵심을 잘 보여주는 예를 미술 분야에서 찾아볼 수 있어요. 다음의 사진은 스페인의 유명한 예술가 피카소Pablo Picasso가 1943년에 만든 작품이에요. 이 작품의 제목은 무엇일까요? 그냥 보이는 대로 말하시면 돼요. 왠지 황소가 떠오르지 않나요? 바로 '황소머리Tête de taureau'입니다. 이 작품의 가격은 돈으로 환산하기 어려울 정도로 비싸요. 왜냐하면 피카소의 예술성과 독창성을 가장 잘 드러내는 작품 중 하나로 평가되기 때문이지요.

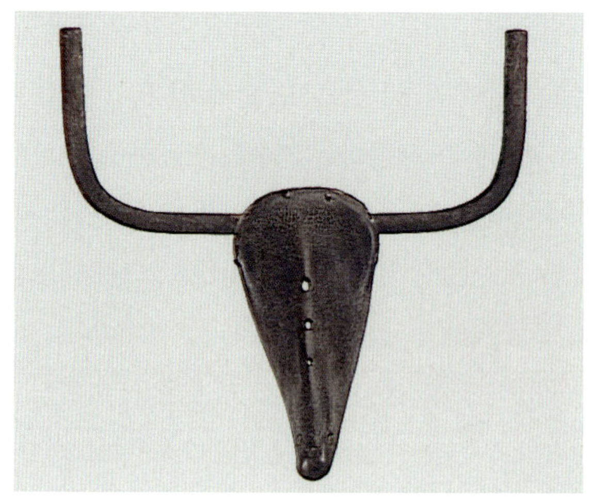

　그런데 사실 이 작품은 버려진 고물 자전거로 만들어졌어요. 어느 가을 날, 산책을 하던 피카소는 버려진 자전거 한 대를 발견하고는 집으로 가지고 왔어요. 그 자전거에서 안장과 핸들을 떼어낸 다음, 안장에다가 핸들을 거꾸로 붙였어요. 그게 다였지요. 버려진 자전거 안장에 손잡이를 붙이고 '황소머리'라고 제목을 붙인 것뿐이에요. 피카소는 이 작품을 완성한 후에 만족스러워하며 "쓰레기라 해도 위대한 가능성은 예술품의 재료가 될 수 있다"라고 했다는군요. 녹슬어 없어질 낡은 자전거이지만 피카소의 손에 의해 다시 구성되었을 때는 더 이상 고물이 아니라 값비싼 작품이 되었음을 볼 수 있어요.

　아무것도 없는 것에서 무언가를 만들어내는 일은 참으로 어려워요. 하지만 우리에겐 많은 것들이 있어요. 우리보다 앞선 사람들에게서 물려받은 기술, 발명품, 문화적 유산 등 많은 것이 있는 데다 같은 세대를 살고 있는 다른 사람들이 만들어놓은 것도 있지요. 기존에 있는 것을 잘 모으고 자기만의 색깔을 입혀서 새롭게 의미를 주면 재창조, 재발명이 됩니다. 쓰레기조차도 구성만 그럴듯하게 하고 이름을 달면 예술 작품으로 태어납니다. 우리가 그 가치를 깨닫지 못할 때만 쓰레기로 버려지는 것이지요. 우리의 삶도 새롭게 구성하고 의미를 부여하면 놀라운 예술 작품으로 다시 태어나겠지요?

귀는 옆에서 수평적 사고를 한다

이제 태아는 청력이 발달하여 엄마의 심장 뛰는 소리는 물론, 자궁 밖에서 나는 모든 소리를 들을 수 있어요. 전체 모습이 어느 정도 균형이 잡히고 골격, 관절도 발달했고요. 엄마는 임신 전보다 체중이 5~6kg 증가하여 등이나 허리가 아프고 발이 붓거나 다리가 저린 경우가 많아요. 이때는 엄마, 아빠가 손을 잡고 가볍게 춤을 춰보세요. 태아와 엄마의 기분도 좋아지고 통증과 부종도 예방할 수 있으니까요.

너무 쉬운 질문이지만, 귀는 어디에 있을까요? 네, 귀는 머리 옆에 붙어 있어요. 사람 얼굴에 있는 것 중 눈, 코, 입은 모두 앞에 붙어 있는데 유독 귀만 옆에 있는 이유는 무엇일까요?

눈은 앞에 붙어 있기 때문에 앞만 내다보고 달려갈 가능성이 많아요. 좌우, 전후, 상하를 다 살펴보아야 하는데, 눈은 앞에 달려 있기 때문에 바로 눈앞만 볼 가능성이 매우 높지요. 그래서 주위 사람들을 잘 살피지 못하고 자신의 입장만 생각하는 경향을 지닌 것이 아닐까요? 이처럼 눈만 가지고서는 전체를 잘 관찰할 수 없다는 맹점盲點이 있기 때문에 귀가 그 모자라는 부분을 보충해주도록 만들어졌어요. 귀가 옆에 있는 것은 사물의 소리는 옆에서 들어야 함을 암시해요.

귀에는 세반고리관이 있고, 그 속에는 림프액이 들어 있어요. 이 액체는 인체의 균형을 잡는 데에 아주 중요한 역할을 하지요. 어렸을 적에 하던 놀이 중에 '고추 먹고 맴맴, 달래 먹고 맴맴'이라는 것이 있는데, 한참을 한쪽으로 돌다 보면 마치 술 취한 사람처럼 세상이 온통 빙글빙글 도는 것을 느낄 수 있어요. 바로 귓속에 들어 있는 림프액이 계속 돌기 때문이지요. 어지럼증을 빨리 없애려면 어떻게 해야 할까요? 이때에는 반대 방향으로 돌아주면 림프액도 방향을 바꾸게 되므로 어지럼증도 금방 사라진다고 해요. 이와 같이, 귀에 물이 들어 있는 까닭은 귀가 인체의 균형을 잡아주는 데에 필수적인 역할을 해야 하기 때문이에요. 물은 모든 것을 수평으로 만들어요. 즉, 차등이 없는 세상을 만든다는 의미지요. 물을 바라보면 마음이 평안해지는 까닭은 물은 높고 낮은 것을 허용하지 않고, 평평한 상태로 만들기 때문이에요. 좀 거창한 이야기가 되어버리긴 했지만, 귀는 이처럼 모든 것을 차등 없는 상태로 만들어야 하므로 옆에 붙어 있어요.

사람의 생각도 평평할 수 있어요. 창의력 분야의 대가인 에드워드 드 보노Edward de Bono 박사는 사람의 생각을 크게 '수직적 사고'와 '수평적 사고'로 구분했어요. 수직적 사고는 기존의 지식과 경험으로 판단·평가·분석하는 사고로, 'Yes'와 'No'가 중요하며 판단하는 데에 있어 둘 중 하나로 정하려는 경향이 강해요. 반면 수평적 사고는 'Yes'와 'No'보다는 개발과 수정을 중요시하며 판단보다는 창조와 변화에 중심을 둡니다. 이분법보다는 다양성에 무게를 두는 사고방식이지요. 이 두 가지 사고방식은 우리가 매일 마주하는 일상적인 문제를 해결하는 과정에서 서로 보완적으로 작용한다고 보노는 주장했어요.

　좀 더 쉽게 두 사고를 비교해보지요. 얼음이 녹으면 무엇이 될까요? 여러분은 어떻게 대답했나요? 수직적 사고를 하는 사람은 물이라고 대답한다고 합니다. 물 이외의 답은 틀렸다고 생각해요. 머릿속에서 얼음이라는 정보가 입력되어 있는 기억 장소에서만 답을 찾았기 때문이에요. 그래서 기존 지식에 딱 들어맞고 논리적이며 당연한 답이에요. 그렇지만 창의적인 답은 아니지요.

　그런데 수평적 사고를 하는 사람의 답은 달라요. "얼음이 녹으면 봄이 됩니다"라고 대답합니다. 머릿속에서 얼음이 입력된 기억 장소뿐만 아니라, 이곳저곳을 옮겨 다니며 연관성을 찾아본 결과 '얼음'과 '봄'의 숨어 있는 연관성을 찾아낸 것이지요.

　수평적 사고란 오히려 좀 더 나은 결정을 할 수 있는 새로운 관점을 제공해줍니다. 수평적 사고와 관련된 유명한 이야기 하나를 소개하지요. 미국 항공우주국 나사NASA에서는 100만 달러짜리 볼펜을 만든 적이 있어요. 우주 비행사들이 무중력 상태인 우주선 안에서 기록할 때, 일반 볼펜이 작동하지 않았기 때문이에요. 볼펜은 중력에 의해 조금씩 흘러내린 잉크가 볼에 묻어 나오는 구조인데, 무중력 상태에서는 잉크가 흘러내리지 않으므로 글씨를 쓸 수 없었던 거예요. 이에 연구원들은 비상 회의를 소집했고 몇 개월간의 연구 끝에 100만 달러의 예산을 들여 무중력 상태에서도 사용할 수 있는 볼펜을 개발했어요. 냉전시대였던 당시, 미국의 과학자들은 소련의 과학자들에게 이 100만 달러짜리 볼펜을 자랑하고 싶었어요. 그뿐 아니라

소련 측이 우주 공간에서 어떤 볼펜을 사용하고 있는지도 궁금해졌어요.
그래서 나사의 연구원들은 미국의 우주 비행사에게 소련의 우주 비행사가
사용하고 있는 볼펜과 그 볼펜의 작동 원리를 알아봐 달라고 요청했어요.
그러자 미국의 우주 비행사는 다음과 같은 회신을 보내왔어요.

"그들은 그냥 연필을 쓰더군요."

다른 대안 필기구가 있다는 생각을 나사의 천재들조차 하지 못했어요.
볼펜이 써지지 않는 문제를 어떻게 해결할까 하는 문제에만 집중하다 보니
사고가 굳어져 다른 해결책을 찾지 못한 거예요.

다양한 해결책을 찾는 수평적 사고를 훈련하는 데에는 상황 퍼즐이 참
좋습니다. 상황 퍼즐은 상황을 만드는 것으로, 문제 자체에 결론이 제시되

어 있어요. 어떤 상황에서 그런 결론이 생겼는가를 거꾸로 생각하고 가능한 한 여러 방향으로 생각해서 가능성이 아주 적은 일까지도 고려하며 상황을 설명하는 것이지요.

상황 퍼즐은 약간 생소하며, 사람들에게 잘 알려지지 않은 퍼즐이에요. 상황 퍼즐에서는 하나의 정답을 향하여 사고를 집중할 것을 요구하지 않고 여러 다양한 생각으로 다른 사람을 설득시킬 수 있는 시나리오를 기대해요. 물론 그 시나리오는 실제로 있을 수 있는 시나리오여야 하지요. 그러한 시나리오를 만들기 위해서는 상상력을 마음껏 펼치고 새로운 아이디어를 찾아야 해요. 그러면서 수평적 사고가 자라나지요.

고전적인 상황 퍼즐 하나를 소개합니다. 여러분 스스로 다양한 상황을 만들어보세요.

   술집에 들어온 사람은 딸꾹질을 하고 있었습니다. 그 사람은 술을 마시러 들어온 것이 아니라 딸꾹질을 멈추게 하기 위하여 물을 한 잔 마시러 들어왔던 거예요. 바텐더는 센스가 있는 사람이어서 그 손님의 마음을 알고 놀라게 해서 딸꾹질을 멈추게 하려고 갑자기 총을 겨누었어요. 깜짝 놀란 사나이는 딸꾹질을 멈추었고, 잠시 후 고맙다며 악수를 하고 나간 거예요.

24_주 모기 퇴치기와 틴벨의 공통점

이제 태아는 성기가 발달하지만 아직 남아의 고환은 복부에 있고 여아의 대음순은 미완성 상태예요. 엄마는 질 높은 단백질 식품을 섭취하고 염분을 줄이는 식단을 짜세요. 또 태아의 뇌세포 증식이 활발해지는 시기이니 진동이 강한 음악을 즐겨 듣도록 하세요. 참, 이제부터 체중이 1개월에 1kg 이상 증가한다면 발에 부종이 생기지 않아도 체내에 부종이 생길 수 있으므로 주의해야 해요.

아기가 자라면 어떤 사람이 될까 기대가 많으실 거예요. 기왕이면 세상에 좋은 일을 하는 훌륭한 사람이 되었으면 하고 바라겠지요. 세상에 이름을 떨친 훌륭한 사람들이 정말 많은데 그런 사람들에게 주는 상 가운데 가장 유명한 건 역시 노벨상이 아닐까 싶네요.

매년 10월이 되면 그해의 노벨상 수상자들이 발표되지요. 세계에서 가장 권위 있는 국제적인 문화상인 노벨상은 막대한 상금으로도 유명해요. 물리학·화학·생리학 또는 의학·문학·경제학·세계평화의 여섯 개 분야별 상금이 1,000만 스웨텐 크로네(약 16억)에 이릅니다. 노벨상이 워낙 유명하다 보니 이를 패러디한 이그 노벨상 Ig Nobel Prize이 있어요. 이 상은 '괴짜들의 노벨상'으로 불리는데, '사람들을 웃게 만들고 생각하게 함으로써 과학

과 의학, 기술에 대한 관심을 북돋우자'는 취지로 과학 유머잡지 《엽기 연구 연보 Annals of Improbable Research》가 1991년에 제정한 상이에요. 노벨상과 마찬가지로 매년 분야별로 저명 학술지에 발표된 연구 성과를 토대로 주어지는데 상금은 없어요. 로댕Auguste Rodin의 〈생각하는 사람〉이 바닥에 등을 대고 누워 있는 위 그림은 이그 노벨상의 행사 포스터에 그려지는 로고예요. 여기에는 고정관념이나 일상적인 사고로는 생각하기 어려운 발상 또는 획기적이고 이색적인 업적을 뜻하는 '발상의 전환'이란 의미가 내포되어 있지요.

2006년 이그 노벨상 명단에서 눈에 띈 수상자는 영국의 하워드 스테이플턴Howard Stapleton이에요. 그는 불량 청소년 퇴치 고주파기를 발명하여 쇼핑몰에 평화를 가져온 공로로 이그 노벨 평화상을 받았지요. 불량 청소년을 물리치는 발명품의 원리는 대략 이렇습니다. 20대 이후의 성인들은 청력이 떨어져서 주파수가 8,000Hz 이상으로 올라가면 그 소리를 듣지 못한다고 합니다. 그래서 1만 7,000Hz의 주파수 소리가 발생하면 10대는 듣지만 30대, 40대의 어른들은 듣지 못해요. 간단하게 말해서 10대에게는 들리지만 30대에게는 들리지 않는 소리가 있는 것이지요. 쇼핑몰이나 고급 레스토랑 근처에 이런 고주파 소리를 아주 시끄럽게 틀어서 주변에 어슬렁거리는 10대 청소년들을 쫓아내는 기계를 만든 거예요. 물론 매장에서 원하는 30대 이상의 고객에게는 이 소리가 들리지 않기 때문에 고객 관리에는 아무런 문제가 없다는 것이 이 기계의 장점이에요.

한 통신 회사의 새로운 사업과 관련된 워크숍에서 강의를 하다가 그 회사 사람들에게서 10대는 들을 수 있지만 30대와 40대는 듣지 못하는 벨 소리에 관한 이야기를 들은 적이 있어요. '틴벨Teenage-Bell'이라는 벨 소리 서비스는 이그 노벨 평화상을 받은 제품의 아이디어와 같이 10대는 듣지만 30대는 듣지 못하는 소리로 휴대폰의 벨 소리 서비스를 하는 것으로 10대들에게 선풍적인 인기를 끌었어요.

이런 장면을 상상해보세요. 교실에서 수업하는 도중에 누군가의 휴대폰에서 벨 소리가 울립니다. 교실의 학생들은 모두 낄낄거리며 웃어요. 왜냐하면 그들이 듣는 휴대폰 벨 소리를 선생님은 듣지 못하기 때문이죠. 전화

를 받은 학생은 선생님 몰래 살짝 통화를 해요. 이런 상상 속 장면이 실제로 교실에서 일어나고 있다면 10대들이 그 벨 소리를 좋아하는 이유를 이해할 수 있을 거예요.

이렇게 10대는 듣지만 30대는 듣지 못하는 소리의 아이디어는 사실 모기 퇴치기에서 왔다고 해요. 모기 퇴치기라는 제품은 모기는 듣지만 인간은 듣지 못하는 주파수 대역의 소리를 발생시켜 모기를 쫓는 제품이에요. 모기 퇴치기의 아이디어를 이용하여 조용한 상점에서 시끄럽게 떠드는 10대를 내쫓는 엉뚱한 발명품이 나오고, 그 아이디어를 이용하여 10대를 위한 휴대폰 벨 소리 서비스까지 나왔어요. 이렇게 아이디어라는 것은 변형되고 진화합니다.

　자기 일과 전혀 상관없어 보이는 것이나, 자신이 하는 일의 영역과 전혀 다른 곳에서 발생하는 일들도 그것을 어떤 시각으로 보고 어떻게 기회를 포착할 것인가의 눈으로 보느냐에 따라 기회가 되기도 하고 전혀 상관없는 일이 되기도 해요.

　아이디어를 만드는 가장 쉬운 방법은 어디에선가 아이디어를 가져오는 것이지요. 같은 일을 하는 다른 사람에게서 아이디어를 가져오려고만 한다면 큰 성과를 낼 수 없어요. 남다르고 획기적인 성과는 다른 영역의 사람들에게서 아이디어를 가져올 때 낼 수 있어요. 그래서 많은 일들을 열린 시각으로 보고, 자기와는 상관없는 일이라며 선을 긋기보다 항상 기회를 포착하는 마음을 가져야 해요.

　같은 일을 하는 사람에게서도 배워야 하지만, 다른 일을 하는 사람들에게서도 배워야 한다는 걸 기억하세요. 다른 일을 하는 사람에게 배우지 않고서는 성과를 내기가 어렵다는 사실도 인정해야 해요. 오히려 다른 일을 하는 사람에게서 배울 때 더 큰 기회가 있어요. 예를 들어, 자신은 순수한 학문을 하는 사람이라며 자기 분야에서만 연구를 하는 사람들은 남에게 배우지 못하기 때문에 오히려 생존에 어려움을 겪어요.

　앞에서 살펴본 '10대를 내쫓는 기계'와 '10대를 위한 벨 소리'를 보면 한 가지 재미있는 사실을 발견할 수 있어요. 두 제품은 모두 모기 퇴치기에서 아이디어를 가져왔지만, 영국의 엉뚱한 발명가는 퇴치하고 싶은 모기의 자리에 10대들을 놓았고, 10대들은 모기를 따돌리듯 어른들을 따돌릴 수 있는 벨 소리를 좋아해요. 같은 아이디어라도 어디에 적용하느냐에 따라 완전히 다른 발명이 될 수 있다는 것, 거기에 창의적 사고의 진정한 재미가 있어요.

　이처럼 아이디어가 풍부한 창의적인 아이를 원한다면 다른 사람들의 일이나 분야에도 폭넓은 관심을 가질 수 있도록 해주세요.

제7장

배

7개월 (25주~28주)

25주 위기가 기회다!

태아의 몸통은 가느다랗지만 팔다리가 길어져 머리와 몸통의 비율이 어느 정도 정상에 가까워져요. 붙어 있던 눈꺼풀도 위아래로 갈라지고 뇌에서 명암을 느낄 수도 있어요. 엄마는 배가 불러오면서 호흡이 점차 가빠지고 쉽게 잠을 이룰 수 없게 돼요. 혈압을 낮춰주는 녹황색 채소, 해조류, 콩류, 오트밀, 전갱이, 꽁치, 고등어 등과 미네랄을 듬뿍 섭취하세요. 정기 검사를 통해 체중 증가가 순조로운지도 체크해야 한답니다.

벌써 태아가 생긴 지 25주나 되었네요. 입덧에 무거운 몸에, 여러 가지 이유로 열심히 태교를 하지 못했는데 벌써 시간이 이렇게 흘렀나 싶은 분들도 많을 거예요. 하지만 늦었다고 생각한 때가 가장 빠른 때라는 말도 있듯이, 아직 태교에 힘쓸 수 있는 시간이 충분히 남아 있으니 너무 걱정하지는 마세요. 늦게 하는 만큼 더 집중력이 높아질 수도 있으니까요.

시험 일주일 전에는 아직 시간이 많이 남았다는 이유로 공부가 잘 안 되지만, 시험 바로 전날엔 집중이 잘되잖아요. 지금 공부하지 않으면 큰일 난다는 생각으로 열심히 책장을 넘기며 외울 내용을 입으로 중얼중얼하며 손으로 쓰면서 공부했을 거예요. '평소에 차근차근 공부해둘 걸' 하면서도 잠깐의 벼락치기 공부로 제법 좋은 점수를 올리는 재미에 그만두지 못했던

기억이 제겐 있어요.

그런데 왜 시험 전날엔 공부가 잘되는 걸까요? 그 이유가 우리 '뇌' 속에 숨어 있어요. 우리의 뇌는 생각보다 많이 게으릅니다. 게으르다 보니 되도록이면 일을 안 하고 싶어 하지요. 일을 하더라도 효율적으로 하고 싶어 해요. 일을 할 수 있는 적당한 방법을 찾으면 더 좋은 방법을 찾기보다는 그대로 하려는 '관성의 법칙'이 있지요. 하지만 이런 우리의 뇌도 극한 상황에 이르게 되면 그 상황을 해결하기 위해 열심히 일하게 됩니다. 게으르게 일해서는 상황을 해결할 수 없으니까요.

내일 시험을 치러야 한다는 사실과 공부를 평소에 안 해서 많은 양을 짧은 시간 안에 공부해야 한다는 의무감이 뇌에 비상사태를 알려 극한 상황이라 느끼게 하고, 이를 벗어나고 싶은 뇌는 열심히 활동하기 때문에 공부에 몰입하게 됩니다. 시험 전날이라는 상황만으로도 공부가 잘되는데, 자기 목숨이 달려 있다고 하면 더 잘되지 않을까요? 실제로 미국에서 있었던 일인데, 사형 판결을 받은 범인이 사형을 면하려고 필사적으로 법률을 독학해서 아주 짧은 기간 안에 변호사를 능가하는 법률 지식을 갖춘 일도 있었어요. 사형을 당하게 될 거란 극한 상황 덕분에 놀라운 몰입도로 그 어려운 법률 공부를 해낸 것이지요.

극한 상황이 새로운 창조를 불러일으키는 경우도 많아요. 돈과 시간이 넉넉할 때보다 부족한 자금과 마감에 쫓기는 다급한 상황에서 오히려 두뇌 회전이 더 잘됩니다. 건축가 프랭크 로이드 라이트Frank Lloyd Wright는 늘 제자들에게 "예술가의 가장 좋은 친구는 제약이다"라고 말했어요. 어떤 제약을 만났을 때 돌파구를 찾기 위해 지금까지와는 다른 방식으로 생각하다가 획기적인 해결책을 찾아내는 경우가 종종 있지요. 쉽게 찾아볼 수 있는 예가 바로 아파트, 빌딩 같은 고층 건물이에요. 값싼 땅을 무진장 갖고 있던 사람이라면 고층 건물을 짓지 않지요. '어떻게 하면 금싸라기 땅에 보다 많은 사무 공간, 주거 공간을 만들 수 있을까?'를 고민했던 사람들이 사무실이 빼곡히 들어 있는 고층 건물과 아파트를 만들었지요.

또 다른 예는 예술 쪽에서 찾아보도록 하지요. 불교에서 불상을 만들고 탱화를 그리듯, 중세 교회에서는 성모상과 예수상을 만들고 성경 내용을 성화聖畵로 그렸어요. 하지만 이슬람교에서는 그런 것을 찾아볼 수 없어요. 이슬람교의 경전인 『코란』에서 사람과 생물의 모습을 사실적으로 그리는 것을 엄격히 금지하고 있기 때문이에요. 이런 제약 때문에 이슬람 예술은 독특한 기하학적 문양을 이용한 모자이크를 발달시켰어요. 종교적인 이유 때문에 꽃과 별과 같은 자연물과 인체의 아름다움을 나타낼 수 없었던 이슬람의 예술가들은 일찍부터 사실주의적인 표현을 포기했어요. 대신 자연계에 존재하는 기하학적인 문양으로 아름다움을 표현해냈어요. 스페인의 알카자Alcazar 궁전과 알함브라Alhambra 궁전은 이슬람 건축양식을 보여주는 대표적인 건축물이지요. 14세기에 이 궁전들을 만들었던 스페인계 이슬람교도 예술가들은 벽과 바닥을 세밀한 대칭형 모자이크 무늬로 정교하게 장식하는 데 심혈을 기울였어요. 오른쪽 사진들이 그런 아름다운 무늬들을 보여주고 있어요. 그런데 놀라운 것은 그로부터 600년이 지난 후, 현대 물리학자들이 이 모자이크 무늬 속에서 과학의 원리를 찾아냈다는 점이에요.

결정 형태의 원자와 분자를 대칭형으로 배열할 수 있는 방법은 모두 32가 지인데, 이 방법들이 고스란히 궁전 벽을 장식한 무늬 속에서 발견된다는 거예요.

우리의 뇌는 자원이 풍부하고 평온할 때는 기존의 자원을, 기존의 방법 대로 반복해서 사용하려는 경향을 가져요. 하지만 자원이 부족하고 불편 하며 다급한 상황에서는 기존 자원에서 새로운 용도를 찾아내고, 다양하 고 새로운 방법을 시도하게 됩니다. 바로 창의적인 사고를 하게 되는 것이 지요. 혹시 지금 힘든 상황이신가요? 포기하고 주저앉으면 실패로 이어지 지만 잠들어 있는 뇌를 깨워 일을 하게 만드는 좋은 기회가 될 수도 있어요. 위기가 오히려 큰 기회가 될 수 있음을 다음 이야기가 보여줍니다.

길을 가던 스승과 제자가 한 낡은 농장에 도착했어요. 세 아이를 둔 가난한 부부가 사는 집이었는데, 유일한 재산인 젖소 한 마리로 근근이 생계를 꾸려가고 있었어요. 스승은 농장 주변을 잠시 둘러본 다음에 제자와 함께 농장을 떠났는데, 그러면서 제자에게 가난한 부부의 젖소를 주인 모르게 끌고 와서 마을 끝에 있는 절벽 밑으로 떨어뜨리라고 했어요. 갑작스러운 스승의 말에 제자는 놀랐지만, 어찌할 방도가 없었던 그는 스승의 말대로 농장 주인 몰래 젖소를 절벽 밑으로 떨어뜨렸고, 젖소는 절벽에서 떨어져 죽고 말았어요.

몇 년이 지난 후, 제자는 장사를 해서 크게 돈을 벌었어요. 농장 주인에게 미안한 마음이 있던 제자는 지난 일을 다 털어놓고 젖소 값을 주기 위해 다시 찾아가 보았어요. 농장에 도착한 제자는 허름했던 옛 모습은 사라지고 아름답게 꾸며진 농장의 모습에 놀랐어요. 혹시 살던 사람들이 농장을 팔고 이사 가서 다른 사람이 살고 있는 것은 아닌가 하고 불안한 마음으로 집 앞에 다다랐는데, 여전히 같은 주인이 살고 있다며 하인이 안내를 했어요.

한눈에 제자를 알아본 주인은 스승의 안부를 물었지만, 제자는 대답 대신 어떻게 몇 년 사이에 농장이 훌륭하게 바뀌었는지를 물었어요.

"우리에게는 젖소가 한 마리 있었죠. 하지만 어느 날 절벽에서 떨어져 죽고 말았습니다."

농장 주인이 이야기를 계속했어요.

"그래서 저는 가족을 먹여 살리기 위해 농장에 허브와 채소를 심었습니다. 키우는 데 시간이 좀 걸렸기 때문에 그동안 나무를 잘라 내다 팔기 시작했죠. 그러다 보니 나무를 다시 심어야 했고, 묘목으로 쓸 어린 가지들도 필요했지요. 어린

만일 제자가 젖소를 절벽에서 떨어뜨리지 않았다면 농장 가족들은 어떻게 살고 있을까요? 간신히 끼니만 연명하면서 자신들의 불행한 운명만 탓하고 있지 않을까요? 젖소가 사라진 사건은 불행을 가장한 행운이었어요. 농장 가족의 삶을 바꾸어 풍족함을 스스로 만들게 했으니까요. 우리 삶에서 젖소처럼 우리를 안주하게 만드는 것은 무엇인지 살펴보세요. 그것을 과감하게 버릴 때, 훨씬 더 창의적인 우리가 될 수 있을 거예요.

자, 이제 예비엄마 여러분들도 농장 주인처럼 아기를 위해 더 할 수 있는 것이 무엇인지 생각해보고 실천하세요. 늦었다고 생각할 때가 가장 빠른 때이니까요.

태아는 폐 속에서 폐포가 발달하기 시작하여 호흡하기 위한 연습을 해요. 지각과 운동을 관장하는 부분이 발달하여 몸 전체를 컨트롤할 수도 있어요. 엄마는 태아가 성장하면서 밀어내어 갈비뼈가 아프고 소화불량이 심해질 거예요. 이제 건강 관리와 함께 동화 태교를 시작해보세요. 부드러운 목소리로 태아에게 하루에 5~10분씩 동화책이나 동시를 읽어주면서 안정감을 찾기를 바랄게요.

임신 7개월이면 아무리 크고 헐렁한 옷으로 가려도 배가 많이 나오는 시기예요. 배가 나오니 왠지 배짱도 늘지 않나요? 버스나 지하철에서 자리를 양보받는 것이 당연하게 느껴지고, 조금이라도 힘든 일은 남편에게 해달라고 당당하게 얘기하게 되지요? '배짱'이라는 단어를 국어사전에서 찾아보니 '조금도 굽히지 아니하고 버티는 태도'라고 나와 있네요. 아기가 열 달 동안 품 안에서 잘 자라도록 버티려면 배짱이 필요해요.

배짱을 다른 말로 하면 '맷집'이라고도 할 수 있겠네요. 권투나 유도 같은 격투기를 맨 처음 배울 때는 상대를 때리는 방법보다 맞는 법을 먼저 가르쳐준대요. 격투를 하다 보면 한 대도 안 맞고 싸울 수는 없으니까 상대에게서 공격을 받더라도 어느 정도 견뎌낼 수 있는 맷집을 키운 다음에야 제대

로 된 공격 방법을 가르쳐준대요. 복싱 역사상 최고의 선수로 손꼽히는 무하마드 알리Muhammad Ali도 무수히 두들겨 맞으며 챔피언이 되었어요. 다른 격투기도 마찬가지겠지만 권투 선수는 맷집이 좋아야 챔피언도 되고 오랫동안 그 자리를 지킬 수 있어요. 맷집이 좋으면 상대 선수가 때리다 제풀에 지치게 되지요.

사람 또한 성공하기 위해서는 맷집이 좋아야 해요. 권투 선수는 신체적 맷집이 좋아야 하지만 각기 다른 인생을 사는 우리들은 심리적 맷집이 좋아야 해요. 우리는 평화롭고 서로 돕는 아름다운 세상을 꿈꾸지만 실제 인생에서는 치열한 경쟁이 매일같이 벌어져요. 인기와 권세, 돈만 있으면 인생을 편안하게 살 수 있을 거라 생각하고 이것들을 목표로 삼고 달려갑니다. 그렇지만 인기와 권세, 돈이 있는 정상의 자리는 한정되어 있고 그 위치에 올라서고자 하는 사람은 많아요. 정상 가까이 가는 사람은 무수한 비난과 애매한 모욕을 견뎌낼 수 있어야 하고, 교묘한 함정들을 피할 수 있어야 합니다.

창의성에도 배짱, 심리적 맷집은 반드시 필요합니다. 새로운 아이디어는 언제나 도전적이어서 기존의 질서를 위협하고 방해할 수 있지요. 그래서 사람들의 마음속에는 새로운 아이디어를 바라면서도 경계하는 이중성이 있어요. 아무리 좋은 아이디어라도 자기 마음에 맞지 않으면 "그건 안 돼" "이해할 수 없어" "그건 멍청한 생각이야"라고 말해버려요. 그러면 새로운 아이디어는 싹도 틔우기 전에 짓밟혀버리지요. 새로운 아이디어를 내는 것도 중요하지만 그 아이디어를 지키고 발전시키는 데에는 남들의 비웃음을 이겨낼 수 있는 두둑한 배짱과 심리적 맷집이 필요해요.

과거 아이들에 비해 요즘 아이들은 비교할 수 없이 허약해졌다는 뉴스가 심심치 않게 신문에 나옵니다. 예전에 비해 몸은 커졌지만 체력은 더 떨어졌고 스트레스로 인해 정신질환을 앓는 비율도 높아졌어요. 신체적인 맷집도 심리적인 맷집도 약해진 거예요. 아이들에게 영어, 수학을 잘하고 성적을 올린다든가 출세하는 기술을 가르치기에 앞서 심리적 맷집을 탄탄하게 만들어주어야 해요. 허약한 마음으로는 아무것도 이룰 수 없어요. 마음이 본래 순수하고 여리다는 것은 장점이 될 수도 있으나 낮에 듣기 싫은 소리를 몇 마디 들었다고 상처받아 잠들 때까지 뒤척이는 심약한 사람은 성공과는 거리가 멀 수밖에 없어요. 혹시 성공을 하더라도 그 자리에 오랫동안 앉아 있을 수 없어요.

우리 아이들의 심리적 맷집을 키워주기 위해서는 무엇이 필요할까요? 격투 관련 운동선수들은 맷집을 키우기 위해 맞는 연습을 할 때, 자신이 견뎌낼 수 있는 정도의 선에서 단계적으로 맞는 연습을 한대요. 정신적 맷집도 마찬가지이지요. 적절한 좌절과 스트레스를 겪고 이겨내는 연습을 해야 정신적 맷집도 커져요. 이것을 뒷받침해주는 동물 실험 결과가 있어서 소개합니다.

1960년대 초반, 스탠포드대학교 생물학자 로버트 사폴스키_{Robert Sapolsky}는 막 태어난 쥐 가운데 몇 마리를 21일 동안 매일 작은 우리 속에 15분 정도 떨어뜨려 놓았어요. 그리고 15분 뒤에 다시 어미에게 보내주었고 격리 경험을 겪지 않은 다른 쥐들과 비교해보았어요. 결과가 어땠을까요?

실험 결과 잠시 동안 어미와 떨어진 경험을 했던 쥐들은 성장하면서 더 모험적이고 용감했으며 스트레스에 덜 민감하게 자라났어요. 이에 비해 어미에게서 떨어져 본 경험이 전혀 없던 쥐들은 성장하면서 스트레스에 민감하게 반응해 자주 놀라는 일이 있었어요.

이후 1990년대에 과학자들은 이 연구 결과를 검토하면서 새로운 사실을 발견했어요. 어미와 떨어진 경험을 한 새끼를 키우는 어미 쥐들이 그렇지 않은 쥐들에 비해 새끼들을 더 감싸 안고 핥아주고 보살피는 행동을 자주 보이더라는 거예요. 즉, 단순하게 어미에게서 떨어져 본 경험이 있는 것만으로 새끼들이 더 모험적이고 용감하게 자란 것이 아니라 그 경험 후에 더 많은 사랑을 받았던 것이 더 영향을 미쳤다고 본 거예요. 과학자들은 이 사실을 여러 차례의 실험을 통해 반복해서 확인해보았어요. 똑같이 어미와 떨어져 있었더라도 핥아주고 보살펴주는 어미가 있던 새끼 쥐들과 어미가 내버려두었던 새끼 쥐들이 자라는 모습이 다른 것을 관찰할 수 있었다고 합니다. 어미와 떨어진 경험 후에 애착 행동이 부족했던 새끼 쥐들이 결국 스트레스에 더 민감했다는 공통된 결과를 얻었어요. 다시 말해 안정적인 애착이 새롭게 도전하고 시련을 극복하는 데 무척 중요하다는 것을 알려주는 실험이었지요.

하늘의 왕자인 독수리가 둥지를 어떻게 짓는지 아세요? 어미 독수리는 높은 곳에 둥지를 짓습니다. 둥지의 가장 아래쪽은 사금파리나 철사 조각처럼 딱딱하고 뾰족한 것들로 채우지요. 이 뾰족한 것들이 부드러운 새털에 닿지 않도록 그 위에 자신의 부드러운 깃털을 깔고 집을 마무리한답니

다. 알에서 갓 태어난 새끼가 어릴 때는 온갖 사랑을 다 주며 보살핍니다. 그러다가 새끼가 날 시기가 되면 둥지를 뒤흔든다고 해요. 그러면 둥지 바닥에 있는 사금파리와 철사 조각들이 드러나서 새끼의 부드러운 털을 찌르기 때문에 도저히 둥지 속에서 가만히 있을 수 없어 날개를 퍼덕여 날게 된대요.

앞의 어미 쥐와 새끼 쥐 실험과 독수리 둥지 이야기는 오늘을 사는 부모들이 자녀 교육을 어떻게 해야 하는지를 보여줍니다. 온실 속에서만 키운 화초는 당장 보기에는 아름답지만 환경이 조금만 바뀌어도 금방 시들고 말아요. 무한한 가능성을 가진 우리 아이들을 온실 속의 화초처럼 나약하게 키워서는 안 돼요. 적절한 시련과 역경은 우리를 강하게 해주는 고마운 존재예요. 그렇기에 자식을 키우는 부모라면 적절한 스트레스에 아이를 노출시켜야 해요. 아이가 어떤 어려움에 처한다면 바로 가서 문제를 해결해줄 것이 아니라 한 발짝 물러서서 아이가 어떻게 대처하는지 지켜보세요. 그리고 사랑해줄 때는 아이를 온전히 사랑해주어야 합니다. 그 사랑의 힘이야말로 아이가 세상에 맞설 힘으로 고스란히 이어지기 때문이에요.

27주 불확실성을 즐겨라

태아는 콧구멍이 열려 스스로 얕은 호흡을 하고 소리도 낸답니다. 엄마는 배가 불러 몸의 균형을 잡기 어렵고 동작이 서툴러져요. 넘어질 위험이 큰 시기이므로 각별히 주의하세요. 그리고 혈액을 만드는 코발트와 엽산 등을 충분히 섭취해야 해요. 이 시기에는 다양한 음악 체험을 통해 오감과 청각을 길러주세요. 전래동요나 리듬감을 익힐 수 있는 악기 소리를 들으면 태아의 음감 형성에 도움이 돼요.

결혼식을 앞두었을 때, 아기를 가진 것을 알았을 때, 여러분의 기분은 어땠나요? 마냥 설레고 기뻤나요? 제 경우에는 기쁘고 행복하기도 했지만 앞으로 어떤 일이 일어날지 몰라 불안하기도 했답니다. 결혼 전에는 '내 인생이니까 이렇게 살아야지!' 하는 나름의 계획을 가지고 살았지만 결혼 후에는 모든 것을 남편과 의논해서 결정해야 하니까 내 마음대로 안 되는 경우도 있을 거란 생각에 조금 답답하기도 했어요. 그리고 첫아이를 가졌을 때는 귀한 생명을 가진 것이 참 감사하고 기뻤지만 아이를 키우는 일은 처음이라 마음 한구석이 불안해지기도 했어요. 지금 와서 생각해보니 나의 삶이 결혼과 임신, 출산으로 어떻게 변해갈지 불확실했기 때문에 불안함을 느낀 것 같아요.

우리는 살면서 많은 변화를 겪어요. 맨 처음 겪는 큰 변화는 학생에서 사회인으로 바뀌는 때일 거예요. 학생 때에는 부모님과 선생님 말씀만 잘 따르면 우수한 학생이란 소리를 듣지만, 사회인이 되어서는 어떻게 하라고 가르쳐주는 사람이 없어요. 스스로 알아서 길을 헤쳐가야 하는데, 잘 보이는 길은 워낙 많은 사람이 가기 때문에 경쟁이 치열하고, 잘 보이지 않는 길은 선택하기가 두렵지요. 취업 준비를 하면서 가장 힘들 때가 바로 어떤 길로 갈 것인지 정할 때였어요. 불확실한 미래를 앞에 두고 학생과 사회인 사이에 낀 애매모호한 위치인 그 시기를 어떻게 보내느냐에 따라 사람들의 모습이 많이 달라져요.

1980년대 미국 경영 협회에서는 '성공적인 경영인들은 모호함을 참는 능력이 강하며, 본능에 의한 의사결정 기술을 가지고 있다'라는 결론이 담긴 연구서를 발간했어요. 또한 대중적으로도 많은 인기를 얻고 있는 영국의 심리학자 리처드 와이즈먼Richard Wiseman 교수는 운이 좋은 사람들을 연구한 결과, 그들의 가장 큰 특징은 불확실성을 즐긴다는 것을 발견했어요.

예를 들어볼까요? 새로운 사업을 시작하는 사람이 있다고 해봅시다. 그는 철저하게 사업을 분석할 거예요. 시장 수요를 조사해서 A라는 회사가 전체 시장의 35%를, B라는 회사가 전체 시장의 20%를 차지하고 있다고 분석해요. 그리고 우리 회사는 1년 안에 5%, 3년 안에 10%, 5년 안에 20%의 시장을 점유한다는 계획을 세우겠지요. 이렇게 사업 계획을 세우는 사람은 매우 논리적이며 준비가 철저한 사람입니다. 하지만 불확실성을 갖지 않은 채 논리적이고 치밀하며 확실하게 준비된 사람에게 사업의 큰 기회는 없어

요. 왜냐하면 또 다른 누군가도 그 시장을 분석하고 들어오려고 하기 때문이에요.

남들이 보지 못하는 것을 보고, 남들이 얻지 못하는 기회를 얻기 위해서는 불확실성을 갖고 있어야 해요. 가끔 어느 누구도 가능성이 없다고 생각하는 사업에 진출하여 대박을 터트리는 사람들을 봅니다. 그러나 어떤 사람들은 그런 사람들의 성공을 인정하지 않고, 단지 운이 좋았을 뿐이라고 낮게 평가하며, 불확실한 상황에 진입하는 것은 언제나 어리석은 짓으로만 여겨요. 하지만 새로운 영역을 개척한다는 것은 남이 보지 않는 것을 보는 거예요. 그건 탐험이나 발견으로 얻어지는 것이 아니라, 남이 가지 않는 길을 가는 선택으로 얻어집니다. 다시 말해서, 남이 불확실성 때문에 선택하지 않는 것을 선택함으로써 기회를 얻을 수 있지요.

　　창의성의 근원은 '불확실성에 대한 포용력'이에요. 창의성이란 기존에 이미 만들어진 '절대적 진리'를 그대로 배우고 따라 하는 것이 아니라 새로운 것을 찾고, 이해되지 않는 것을 인식의 수면 위로 끌어올리는 것이죠.

　　그렇다면 '나는 불확실함을 어느 정도나 견뎌낼 수 있나?'라는 생각이 드실 거예요. 세상을 다른 관점에서 보기 위해선 불확실성을 견디는 능력이 필요해요. 불확실성을 수용하는 정도를 측정하기 위해 심리 전문가들이 개발한 설문을 다음에 소개합니다. 다음 문장을 읽고 각각 '그렇다' 또는 '아니다'에 표시해서 자신이 불확실성을 얼마나 수용하는지 알아보세요.

- 정답이 딱 떨어지는 문제가 좋다.　　　　　　　　　그렇다 / 아니다
- 규칙을 어기는 것을 싫어한다.　　　　　　　　　　그렇다 / 아니다
- 옳고 그름에는 명백한 차이가 있다고 믿는다.　　　그렇다 / 아니다
- 문제와 씨름하는 일에서 가장 좋은 점은 문제를 푸는 것이다.

　　　　　　　　　　　　　　　　　　　　　　　　그렇다 / 아니다

- 대부분의 상황은 한 가지 관점에서 보았을 때 가장 잘 보인다.

　　　　　　　　　　　　　　　　　　　　　　　　그렇다 / 아니다

　　질문에 대한 대답으로 '아니다'가 더 많을수록 불확실성에 대한 포용력이 높은 것입니다. 혹시 불확실성에 대한 포용력이 낮게 나오셨나요? 그럼

앞의 좌뇌 우뇌 테스트에서 결과가 좌뇌형으로 나오진 않으셨는지요? 좌뇌형의 사람들은 대체적으로 구체적인 것을 선호하고 이성적이에요. 그래서 확실하고 똑 부러지는 것을 좋아합니다. 모호한 걸 싫어하고, 있을 수도 있고 없을 수도 있는 상황을 싫어하는 편이에요.

'불확실성을 포용하는 능력' '모호함을 참고 견디는 능력'은 '잘 쉬는 능력'과 깊은 관련을 맺고 있어요. 옛날에 이런 능력은 레오나르도 다빈치 Leonardo da Vinci 같은 위대한 천재들에게서만 찾아볼 수 있는 특징이었어요. 천재들은 불확실함을 무던히 참아내고, 더 나은 것을 위한 휴식을 통해 자기 내부의 잠재적 창의력을 끄집어내어 작품을 완성하곤 했어요. 하지만 너무나 많은 것들이 빠른 속도로 변화하고 그 어떤 일에 대해서도 확실성을 유지하기가 힘들어진 오늘날, 불확실성을 포용함으로써 더 나은 것을 추구하는 능력은 우리 모두에게 필요한 거예요.

출산을 앞두고 불안해하는 예비엄마들이 많을 거예요. 아기가 건강하게 태어날지, 태어난 다음에 총명하고 건강하게 자라도록 엄마 노릇을 잘할 수 있을지 자신 없을 수도 있어요. 여러 태교 교실을 찾아다니고 육아 서적을 읽으면서 무엇인가 하는 노력도 중요하지만 불안과 걱정, 초조함을 내려놓는 것도 중요해요. 많은 가능성을 가지고 있는 임신 7개월의 상황을 감사하게 받아들이고 편안한 마음으로 휴식을 취해보세요. 그 휴식을 통해 '아기'라는 귀하고 새로운 가능성을 받아들일 수 있는 여유를 갖게 되고, 좋은 엄마로 나아가는 길이 좀 더 잘 보일 거예요.

고정관념에 도전하라

이제 태아는 시각과 청각이 거의 완성되어 자극에 적극적으로 반응해요. 엄마의 몸 밖에서 나는 신기한 소리에 몸을 긴장시키거나 놀라기도 한답니다. 엄마는 체중 관리를 해야 하므로 배고픔이 느껴질 시간대에 약 1시간 정도 낮잠을 자면 공복감을 피할 수 있어요. 이 시기에는 태아에게 고저장단이 다른 다양한 소리를 들려주는 것이 좋으니 동화책을 읽을 때도 구연하듯이 실감나게 읽어주세요.

'어린이는 어른의 아버지.' 한 번쯤은 들어본 구절일 거예요. 영국의 대표적인 낭만파 시인 윌리엄 워즈워드William Wordsworth의 시「무지개 A Rainbow」에 나온 구절이에요. 어른은 당연히 어린이의 아버지입니다. 그런데 반대로 '어린이는 어른의 아버지'라니요. 시인은 상식과 고정관념을 깨는 표현을 통해 어른들이 어린이의 해맑은 동심으로 돌아가야 한다고 말하고 있어요. 상식과 고정관념을 깨는 표현은 이렇게 깊은 인상을 줍니다.

하지만 실제로 상식과 고정관념 등을 깨고 도전하기란 결코 쉽지 않아요. 우리는 자신도 모르는 사이에 상식과 고정관념을 받아들이도록 훈련되어 있어요. 우리가 얼마나 스스로를 제약하고 있는지 다음 퍼즐을 풀어보면서 느껴보겠습니다.

연필을 떼거나 돌아가지 않고 네 개의 직선만 이용하여 아래의 아홉 개 점들을 모두 통과하도록 연결하세요.

이 문제의 답은 177쪽에 있습니다. 3분 동안 문제를 풀 때까지는 해답을 보지 마세요. 만일 이 문제를 풀지 못했다면 왜 풀지 못했는지 스스로에게 물어보세요. 혹시 자기도 모르게 이 문제에 관해서 정해놓은 규칙이 있진 않았나요? 답을 보여 드리기 전에 고정관념을 깸으로써 새로운 예술 세계를 연 위대한 예술가의 이야기를 들려 드릴게요.

한 유명한 행위예술가가 '피아노포르테pianoforte를 위한 습작'이라는 공연을 한다면서 주변 사람들에게 초청장을 보냈어요. 대만원을 이룬 공연장에서 얌전히 연주하던 예술가는 객석으로 내려오더니 갑자기 존경하는 그

의 스승인 존 케이지John Cage 앞으로 다가섰어요. 그러더니 주머니에서 가위를 꺼내 존 케이지의 넥타이를 자르고 관객들이 어리둥절해하는 사이 무대를 빠져나갔어요. 근처 술집으로 간 예술가는 공연장에 전화를 걸어 "저 백남준입니다. 공연은 끝났습니다"라고 말했어요. 백남준의 행위예술은 기존의 권위와 관습을 깨는 것이었어요. 백남준이 자른 넥타이를 하고 있던 존 케이지는 백남준에게 예술의 아버지였어요. 그는 평소 존 케이지를 '나의 아버지'라고 부르며 따랐다고 합니다.

존 케이지는 '4분 33초'라는 연주로 유명한 사람이에요. 이 연주는 〈베토벤 바이러스〉라는 드라마를 통해 대중에게도 많이 알려진 작품입니다. 1952년, 그는 피아노의 건반 뚜껑을 열지도 않은 채 정확히 4분 33초 동안 피아노 앞에 우두커니 앉아 있다가 자리에서 일어서는 것으로 연주를 끝냈어요. 들리는 소리라고는 어쩌다 건물 밖에서 들려오는 자동차 소음과 연주장 안에서 청중들이 내는 기침소리, 그리고 옷을 스치는 소리가 고작이었어요. 그러나 케이지의 관점에서 보면 이렇게 음악회라는 상황이 엄연히 존재하는 한 그것은 어디까지나 음악회이며 따라서 음악 연주 행위가 이루어지고 있는 것이었어요. 또한 모든 것은 다 음악이 될 수 있다고 굳게 믿는 그는 동전을 떨어뜨려 소리를 낸다든지, 나무 막대기를 사용하여 소리를 냄으로써 작품을 창조해냈지요.

그런 존 케이지를 자신의 아버지처럼 존경하며 따랐던 백남준은 그의 넥타이를 자르며 기존의 권위에 도전하는 행위예술을 했던 거예요. 기존 관습의 벽을 깨며 늘 새로움을 창조하면서 평생을 살았던 예술가 백남준의

장례식장에서 조문객들은 가위를 들고 서로의 넥타이를 댕강댕강 잘랐어
요. 그런 퍼포먼스를 통하여 많은 권위와 인습을 잘라버리고자 했던 그의
사상을 기념했지요.

넥타이는 맬 수 있을 뿐만 아니라 자를 수도 있으며,

피아노는 연주할 수 있을 뿐만 아니라 두들겨 부술 수도 있다.

－ 백남준

창조적인 예술 작품들은 기존의 권위와 관습에 저항하고 고정관념을 깸
으로써 파격적인 새로움을 만듭니다. 그 새로움은 때로는 사기처럼 보이기
도 하고 예술가를 사기꾼처럼 보이게도 하지요. 하지만 그 새로움이 더 많
은 사람들에게 감동을 주며 가치를 인정받을 때 그 새로움은 창의성이 됩
니다. 일반적으로 사람들은 기존의 고정관념에 도전하고 이것을 깨뜨리려
는 시도를 비판해요. 기존의 것과 다른 새로운 것은 항상 비난과 비판을 받
기 마련이지요. 그렇게 비난과 비판을 받던 것이 사람들에게 천천히 이해
되기 시작하고 더 많은 사람들에게 공감을 일으킬 때 그것은 놀랍고 획기
적인 창조로 탈바꿈해요. 그래서 비난과 비판을 감수하고 기존의 고정관념
에 도전하지 않는다면 창조는 없어요. 예술 작품들을 보면 이런 창의성의
요소를 이해하게 됩니다.

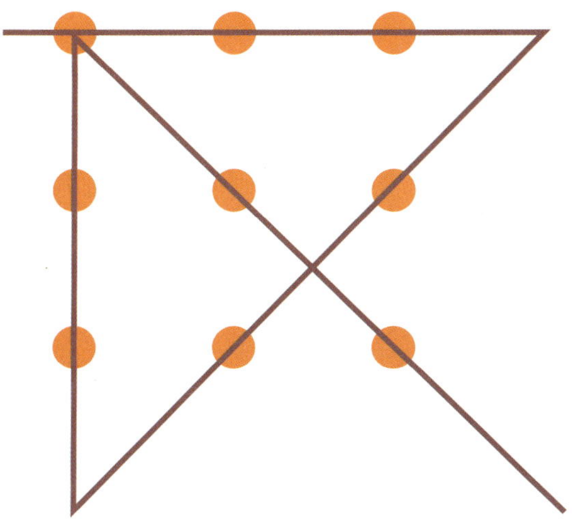

앞의 퍼즐의 답은 위와 같아요. 문제를 풀지 못한 분은 아마도 스스로 직선이 점 밖으로 벗어나면 안 된다는 규칙을 정해놓았을 거예요.

점 안쪽에만 머물러야 한다는 고정관념에 도전할 때만 이 문제를 풀 수 있어요. 오늘, 나도 모르게 나 자신을 제한하는 고정관념이 무엇인지 살펴보고 거기에 도전해보세요.

제8장

손

8개월(29주~32주)

제2의 뇌, 손을 사용하라

29주가 되면 태아는 눈꺼풀이 완전하게 형성되고 눈동자도 생겨 눈을 뜰 수 있어요. 엄마의 감정 변화도 알아차리고 소리에 대한 반응도 한답니다. 뇌의 크기가 훨씬 커지고 호두처럼 주름이 만들어져서 접혀요. 엄마는 갑자기 체중이 증가하거나 고혈압, 단백뇨 등의 증상이 나타나면 조산할 수 있으므로 조심하세요. 아빠, 엄마는 번갈아가면서 태아에게 그림책과 동화책을 읽어주세요. 또 아기를 잘 기르기 위해 육아 서적도 읽어두면 좋아요.

양궁에서 우리나라 선수들이 세계 최고의 자리를 놓치지 않는 비결, 우리나라가 국제기능올림픽에서 16번째 종합우승을 차지하는 비결은 어디에 있을까요? 우리나라 대표 선수들의 피나는 노력과 열정 덕분이기도 하지만 많은 사람들이 우리 민족의 뛰어난 손재주에서 그 해답을 찾습니다. 한국인은 손재주가 뛰어나고 손을 이용한 작업에 능해요. 뿐만 아니라 한국인들의 손가락 감각은 특별해서 병아리 감별, 위조지폐 감별 같은 분야에서 세계적인 명성을 갖고 있어요.

한국인의 손재주가 뛰어난 이유는 어디에 있을까요? 첫돌을 맞이하기 전부터 우리나라 아이들은 '짝짜꿍, 곤지곤지, 잼잼'으로 손 놀이를 시작해요. 조금 커서는 구슬치기, 공기놀이, 실뜨기 등을 하면서 놀고요. 이렇게 손을 이용한 놀이를 많이 할 뿐 아니라 매일 세 번씩 고난이도 손 근육 단련 훈련을 합니다. 무슨 훈련이냐고요? 바로 젓가락을 사용해서 식사를 하는 것이지요.

한국, 중국, 일본 사람은 전 세계 젓가락 사용 인구의 80% 이상을 차지해요. 젓가락을 쓰면 손바닥, 손목 등 30여 개의 관절과 50여 개의 근육을 움직이게 되지요. 그런데 포크를 쓸 때는 젓가락을 쓸 때 사용하는 관절과 근육의 절반 정도만 움직이게 되고, 대뇌에 주는 자극도 훨씬 덜해요. 그렇기 때문에 젓가락을 사용하는 민족은 손의 근육이 유난히 발달할 수밖에 없고, 젓가락질이 뇌 운동을 촉진하기 때문에 머리도 좋아지게 됩니다. 그중에서도 한국 사람들의 젓가락은 더욱 특별해요. 가늘고 무게가 나가는 쇠젓가락을 쓰기 때문이지요. 쇠젓가락으로 젓가락질을 하려면 나무젓가락을 쓰는 경우보다 더 힘이 듭니다. 보다 섬세한 손가락 움직임이 필요하지요. 이 때문에 한국인의 손재주 능력이 다른 민족들보다 뛰어나다고 합니다.

손에 대해 좀 더 알아볼까요? 독일 철학자 임마누엘 칸트Immanuel Kant는 손을 가리켜 "눈에 보이는 뇌의 일부"라고 했어요. 우리가 뇌의 명령을 받아 행하는 일 중에 손이 가장 다양하고 많은 일을 처리해요. 시각 장애인에게는 손이 눈을 대신해요. 손끝의 감각을 이용해서 점자책을 읽고 지팡이 하나만 들고 길을 찾아가기도 해요. 보통 사람들도 어두운 곳에서는 손으로 더듬어 사물을 만지며 무엇인지 알아내지요. 손은 입을 대신하기도 해요. 손으로 하는 말 '수화'가 바로 그 예이지요. 잘 생각해보면 손만큼 많은 일을 하는 것이 없는 듯해요.

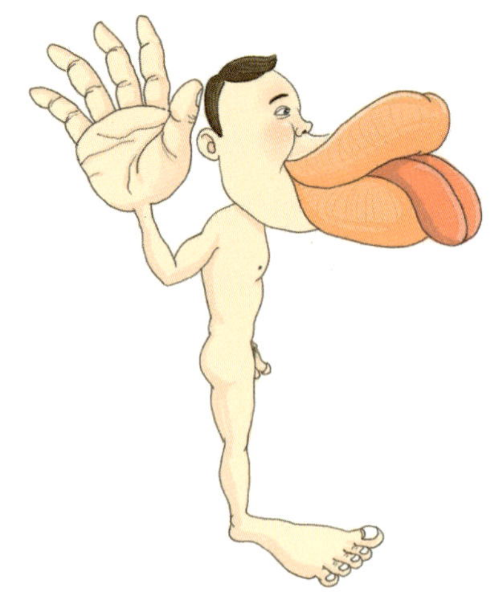

　손은 인체기관 중 가장 많은 뼈로 구성되어 있어요. 사람 몸속의 뼈는 모두 206개인데, 이 중 양손이 차지하는 뼈의 개수는 무려 54개나 됩니다. 우리 몸 전체 뼈의 25%가 두 손에 있는 거예요. 손은 14개의 손가락뼈, 5개의 손바닥뼈, 8개의 손목뼈로 이루어져 있어서 매우 정교하면서도 자유자재로 움직일 수 있어요. 또한 손은 우리 몸에서 가장 감각점이 발달한 기관으로 특히 손가락 끝에 집중적으로 분포하는데 이 때문에 손끝으로 미묘한 차이를 감지해낼 수 있어요.

　손과 뇌 사이에는 어떤 관계가 있을까요? 캐나다의 신경 외과의사인 펜필드Wilder Penfield는 환자들의 대뇌 피질에 전기 자극을 주는 수술실 실험을 통해 몸의 여러 부분과 뇌의 부분 간의 연결 관계를 찾아냈어요. 이 연결 관계를 쉽게 볼 수 있도록 뇌에서 몸의 각 부분이 차지하는 면적을 사람 모양으로 만들어보면 위 그림처럼 이상한 모습을 한 난쟁이가 됩니다.

그림에서 손의 크기가 정말 크지요? 손이 차지하는 영역이 클 거라고 생각은 했지만 생각보다 훨씬 더 크네요. 뇌의 운동 및 감각의 영역에서 손이 차지하는 영역은 사람의 몸통과 다리를 합한 것보다도 더 커요. 손 중에서도 엄지손가락의 영역이 가장 크다고 알려져 있지요.

뇌에서 손이 차지하는 영역이 커지게 된 것은 손을 많이 사용해서지만, 반대로 손으로 미세한 동작을 많이 한 결과 뇌의 활동도 증가하고 그에 따라 손의 기능도 좋아지게 되었다고 볼 수 있어요. 우리 뇌의 신경 전달 과정을 살펴보면 소뇌 바깥쪽에 있는 신피질에서 대뇌로 전달되는 경로가 있어요. 그런데 손을 많이 사용하면 이 소뇌 바깥쪽 신피질을 자극하게 되고, 이로 인해 대뇌의 활동이 증가하고 결과적으로 뇌의 기능이 좋아지게 됩니다. 짝짜꿍, 곤지곤지, 잼잼과 같은 손 놀이는 어린아이들로 하여금 눈과 손을 함께 움직이고 조절할 수 있게 해주어서 뇌의 활성화를 도와줘요. 머리 좋은 아이로 키우고 싶으면 구슬치기, 공기놀이, 실뜨기 등 손을 많이 쓰는 놀이를 함께해주는 것이 좋아요. 이 밖에도 연필을 쥐고 손으로 직접 뭔가를 그리고 쓰는 것, 피아노 치기, 종이 오리기와 접기, 젓가락 사용과 같은 다양한 손놀림이 두뇌에 영향을 미친대요. 그런데 어린 시절에만 손 놀이가 좋은 게 아니에요. 나이를 많이 먹은 노년기에도 부지런히 손을 놀려야 지속적으로 두뇌에 자극이 가서 노화에 따른 두뇌 기능 저하를 막을 수 있다고 합니다.

이제 곧 엄마가 될 여러분은 유기농 면을 손수 바느질해서 출산 용품을 만드는 것도 좋을 거예요. 엄마의 손길로 아기가 쓸 물건을 마련한다는 의

미도 있고 손끝을 많이 사용하면 아기 머리가 좋아진다니까 말이에요. 손재주가 없다고 망설일 필요 없어요. 시중에서 구입할 수 있는 DIY 제품은 시접 처리 등 손이 많이 가는 부분은 만들어져서 나오기 때문에 서너 시간이면 만들 수 있답니다. 중·고등학교 때 배웠던 홈질과 박음질 정도만 할 수 있다면 누구나 쉽게 만들 수 있어요. 아기 손싸개와 발싸개 같은 작은 소품을 엄마, 아빠가 함께 바느질해서 한 짝씩 만들면 더 좋겠지요? 아기를 위해 엄마, 아빠가 직접 준비한 좋은 선물이면서 부부의 사랑이 더 깊어지는 기회가 될 거예요.

30주 손으로 역사를 창조하라

태아는 엄마의 골반 아래 근육에 머리를 디밀었다 뺐다 한답니다. 태아는 이제 탯줄을 통해 태반으로부터 산소를 공급받아요. 태아의 뇌 크기가 훨씬 커지고 주름이 잡히는 시기이므로 두뇌 발달에 좋은 아연과 칼륨 섭취를 늘리세요. 엄마는 자궁이 상복부까지 올라와 위를 압박하기 때문에 가슴이 답답하고 쓰리기도 할 거예요. 하지만 여러 번에 걸쳐 조금씩 자주 먹어 모체와 태아에게로 가는 영양이 부족하지 않도록 신경 쓰세요.

많은 부모가 자신의 아이는 영재 혹은 천재이기를 기대해요. 그래서 배 속 태아 때부터 책도 많이 읽고 특별한 태교도 하며 아이를 위한 좋은 교육 기관을 미리 알아보기도 하죠. 보통 사람들이 아주 힘들게 하는 일들을 몹시 쉽게 해내는 천재들, 보통 사람들은 꿈도 못 꾸는 일들을 이루어내는 천재들. 무엇이 천재와 보통 사람의 차이를 만들까요? 천재와 보통 사람들이 어떤 면에서 달랐을까를 궁금해한 많은 사람들이 여러 방면에서 조사하고 연구를 해오고 있어요.

그중 캐서린 콕Catherine Cox은 역사상 천재로 불렸던 인물 300명의 성격과 일상 습관을 조사해서 뭔가 다른 점을 찾으려고 했어요. 천재들의 성격은 각양각색이었어요. 뭔가 확실하게 다른 점을 찾아낼 수 없었지요. 습관

도 마찬가지였어요. 하루 종일 일하는 사람이 있는가 하면, 한가롭게 명상에 빠져 있는 사람도 있었지요. 그러다 마침내 공통점을 발견했는데, 바로 메모하는 습관이었어요. 천재들은 하나같이 머릿속에 떠오르는 생각을 종이에 적는 습관을 갖고 있었던 것이지요.

메모의 달인이었던 위인들을 살펴볼까요? 링컨Abraham Lincoln은 모자 속에 항상 종이와 연필을 넣고 다니면서 갑자기 떠오른 생각이나 남한테 들은 말을 즉시 기록하는 습관을 가지고 있었어요. 덕분에 학교를 제대로 다녀본 적은 없지만 훌륭한 정치가가 될 수 있었지요.

수많은 아름다운 독일 가곡을 작곡한 슈베르트Franz Peter Schubert는 악상이 떠오르면 그 즉시 입고 있는 자기 옷에 기록했대요. '음악의 성인'이란 별명을 갖고 있는 베토벤Ludwig van Beethoven 역시 슈베르트 못지않게 열심히 메모를 한 것으로 유명해요. 악상이 떠오르면 어디에나 메모를 했는데, 이상한 건 그 메모를 다시는 꺼내보지 않았다는 거예요. 궁금해진 친구가 왜 악상을 적고는 다시 보지 않느냐고 묻자 베토벤은 이렇게 답했다고 합니다.

"메모를 하다 보면 외워지니까 다시 꺼내볼 필요성을 못 느끼거든."

위대한 과학자들도 메모광이었어요. 평생 동안 1,902건의 발명 특허를 얻은 에디슨은 발명 아이디어가 떠오르면 즉시 메모를 했는데, 그의 연구실에서 발견된 발명 메모는 무려 3,400여 권의 노트 분량이라고 합니다. 천재 과학자 아인슈타인Albert Einstein은 실험실을 보여달라는 기자의 요청에 만년필을 꺼내 보여주었다고 해요. 첨단 과학 장비들로 가득 찬 실험실을 상상했기에 당황해하는 기자에게 아인슈타인은 다음과 같이 말했어요.

"나는 일상생활 중 머릿속에 뭔가가 떠오를 때면 그때마다 잊어버리지 않도록 만년필로 메모를 하고 골똘히 생각합니다. 그러니 연구를 위해 따로 잘 차려진 실험실이 필요하지 않지요. 단지 내겐 떠오른 생각을 적고 계산할 수 있는 만년필과 필요 없는 메모지를 버릴 수 있는 휴지통만 있으면 됩니다. 중요한 것은 주변의 환경이 아닙니다. 깨어 있는 눈으로 사물을 보고 생각하려는 마음과 의지가 우선이지요."

대기업을 일군 기업가들 중에서도 메모광을 쉽게 찾아볼 수 있어요. 잭 웰치 전前 GE 회장은 메모를 잘하는 사람이에요. 특히 그는 냅킨에 메모를 자주 했는데, GE 구조조정의 첫 신호인 '1등과 2등이 될 수 없는 사업은 포기 또는 매각한다'는 방침도 처음 냅킨에 적었다고 합니다. 삼성그룹의 창립자인 이병철 회장 역시 자신의 생각을 메모로 잘 정리하는 사람이었어요. 그는 사업에 관한 내용, 떠오른 구상이나 전문가의 조언, 해야 할 일 등을 언제나 메모로 정리했어요. 제일모직 설립 때부터 메모 습관이 시작되었다는 그는 아침 6시에 일어나 목욕을 하고서 가장 먼저 한 일도 메모라고 해요.

단순히 무언가를 적는 것, 이것은 메모가 아니에요. 메모는 머릿속에 떠오른 생각을 기록하는 것입니다. 아무리 시시한 생각이라도 기록으로 남기는 순간, 잠재의식을 일깨우고 새로운 아이디어로 이어져요. 메모를 하면 머릿속이 정리되지요. 좋은 아이디어를 만들어내기 쉬워지는 거예요. 자신의 일과 삶에 대해 의욕이 없는 사람은 메모를 하지 않아요. 그저 흘러가는 대로 내버려두지요. 긍정적이고 열정적인 사람만이 메모를 통해 자신의 생각, 자신의 시간을 기록해요.

1960년, 일본의 한 초등학교에서는 그 학교 3학년 한 교실의 아이들에게 특이한 숙제를 내주었어요. 그 숙제는 바로 '매일 달라지는 후지富士 산의 꼭대기 모습을 기록하는 것'이었답니다. 눈이 오거나 비와 짙은 구름으로 뒤덮여 정상이 잘 보이지 않더라도 그 모습을 매일 기록하는 것이 숙제였어요. 후지 산 기록 당번을 맡은 학생들은 2000년까지 40년간 매일 후지 산 정상의 모습을 기록했어요. 이 일지는 일본 기상청에 전해졌고, 통계화를 거쳐 요즘 지구 온난화 속도를 측정하는 자료로 활용되고 있어요. 아이들의 고사리손으로 작성된 단순한 메모이지만 40년 동안 모으니까 일본 기상

청에 중요한 자료가 된 거예요.

혹시 임신일기를 쓰고 계신가요? 요즘은 아기를 갖자마자 예쁜 다이어리에 태교를 목적으로 임신일기를 쓰는 분들도 많더라고요. 임신일기를 아직 쓰고 있지 않다면 바로 오늘부터 시작해보세요. 글 솜씨가 없다고 걱정할 필요 없어요. 그저 한 줄, 아니면 단어 몇 개라도 충분해요. 매일의 몸 상태, 배 속 아기의 상태는 어떤지, 아기에게 들려주고 싶은 이야기, 아기를 위해 한 일은 무엇인지 차곡차곡 적어보세요. 아기가 태어난 후에도 계속해서 육아일기로 써간다면 더 좋고요. 잘 적어두었다가 아기가 태어난 다음에 책으로 만들어 백일이나 첫돌 선물로 주면 좋을 거예요. 자신을 사랑으로 준비한 엄마, 아빠의 마음을 선물한 거니까요. 임신일기와 육아일기는 엄마, 아빠의 사랑으로 시작된 가정의 역사를 기록하는 겁니다. 아기가 자라면서 평생 동안 가장 힘이 되어줄 귀한 선물일 거예요.

31주 서로를 그리는 손

태아의 크기는 40cm, 체중은 1.5kg 정도가 돼요. 태아의 기억력이나 감각 능력이 훨씬 발달하게 된답니다. 양수의 양은 최대로 늘어나지만 태아도 커져 움직일 공간이 적어졌기 때문에 동작이 둔해져요. 엄마는 숨이 차며 숨을 쉬어도 제대로 쉰 것 같지 않은 증상에 시달려요. 이때는 심호흡을 자주해서 태아 뇌에 필요한 산소 공급에 신경을 쓰세요. 태아 뇌의 많은 부분이 완성되는 중요한 시기이니까요.

손을 그린 그림 가운데 참 재미있고, 제가 좋아하는 그림 하나를 소개합니다. 이 그림은 네덜란드의 그래픽 아티스트이자 판화가인 에셔M. C. Escher의 〈그리는 손Drawing Hands〉이란 작품이에요. 두 손이 서로를 천천히 그려가고 있는 모습을 자세히 보세요. 연필을 잡고 있는 오른손이 소맷부리를 스케치하고 있어요. 선 몇 개로 그려진 소맷부리는 종이 위에 그려진 느낌이지만, 그 소매에서 나온 왼손은 진짜 살아 있는 듯 입체감이 느껴집니다. 그리고 이번엔 왼손이 오른손의 소맷부리를 그리고 있어요. 어느 손이 그리는 손이고, 어느 손이 그려지는 손인지 알 수 없는 묘한 그림이에요. 서로가 서로를 그리는 손입니다.

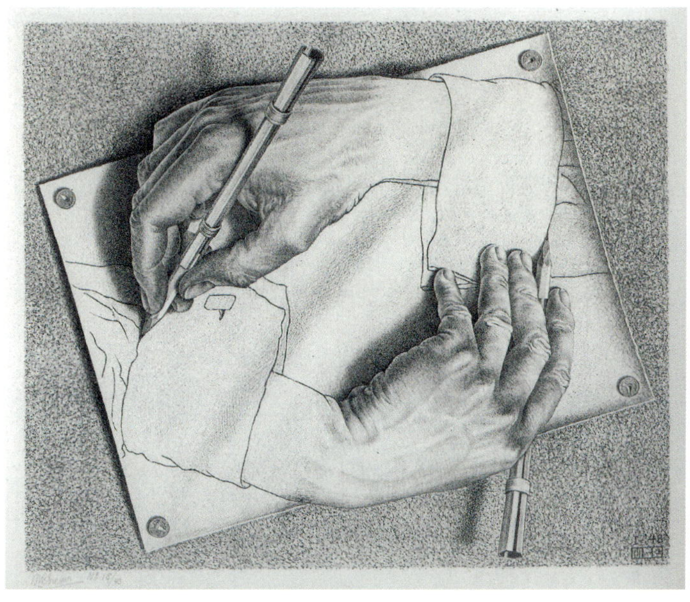

　이 그림을 보면서 사람들은 자기 나름의 해석을 합니다. 어떤 사람은 무한히 계속되는 '뫼비우스의 띠'를 떠올리기도 하고, 어떤 원인으로써 일어난 결과가 다시 그 원인에 영향을 주는 현상을 떠올리기도 해요. 볼 때마다 기묘한 느낌이 들면서 새로운 생각을 던져주는 그림인데, 얼마 전에 '천국과 지옥의 식탁'이라는 이야기를 듣고 보니 또 다른 생각이 들었어요.

　천국과 지옥의 식탁 이야기는 한 번쯤 들어보셨을 거예요. 어떤 사람이 천국과 지옥을 모두 여행할 기회를 갖게 되었어요. 여행자는 먼저 지옥을 구경하기로 했어요. 불구덩이에 빠져서 사람들이 고통받고 있을 거라는 예상과는 달리 지옥에 있는 사람들은 만찬 식탁에 앉아 있었어요. 상상도 할 수 없을 정도로 많은 음식과 과일 및 채소 등이 식탁 위에 차려져 있었지요.

여행자와 함께 다니면서 설명해주던 마귀는 지옥 사람들에 대해서 이렇게 얘기했어요.

"저 사람들은 부족한 것이 없지요."

그렇지만 여행자는 지옥 사람들을 자세히 들여다보고서는 그들에게는 웃음도 없고, 몸에 뼈만 남을 정도로 바싹 말랐다는 것을 알아챘어요. 풍성한 식탁에 둘러앉은 지옥 사람들은 왼손에는 포크를, 오른손에는 나이프를 들고 있었는데, 특이하게도 포크와 나이프는 아주 길어서 한 1m쯤 되었어요. 음식을 먹으려고 하는데 포크와 나이프가 너무 길어서 입안에 음식을 넣을 수가 없었어요. 그래서 지옥 사람들은 온갖 맛있는 음식을 앞에 두고 굶어 죽어가고 있었어요.

지옥 여행을 마친 다음, 여행자는 천국을 구경하게 되었어요. 천국에도 지옥에서 본 것과 똑같이 만찬 식탁에 1m쯤 되는 긴 포크와 나이프가 차려져 있었어요. 그런데 천국 사람들은 지옥 사람들과는 달리 혈색이 좋고 건강해 보였어요. 여행자는 의아해했어요.

'어쩌면 이토록 똑같은 환경인데, 이토록 큰 차이가 나는 걸까?'

천국 사람들이 식사하는 모습을 보면서 여행자는 그 이유를 깨닫게 되었어요. 지옥 사람들은 긴 포크와 나이프로 자기 입에만 음식을 넣으려고 했지만, 천국 사람들은 서로서로 상대방에게 음식을 먹여주고 있었던 거예요. 상대방을 도와줌으로써 자신도 도움을 받고 있었던 것이지요.

서로가 서로를 그림으로써 존재하는 양손처럼, 천국의 사람들은 서로에게 음식을 먹여주면서 행복하게 지냅니다. 똑같은 환경이지만 지옥 사람들은 자신의 입에 들어갈 것만 챙기다가 결국에는 아무것도 먹지 못하지요. 앞의 그림에서 두 손에 연필이 아니라 지우개가 있다면 어떻게 될까요? 자기만 그림 속에 있겠다고 서로를 지우다가 결국에는 두 손 모두 사라지지 않을까요?

우리의 살아가는 모습은 에셔의 그림 〈그리는 손〉과 비슷한 것 같아요. 올해는 빨간색 옷이 유행할 것이라는 예측을 유력한 트렌드 예측기관에서 내놓으면, 많은 패션 회사들이 빨간색 옷을 많이 만들어요. 당연히 시장에 빨간색 옷이 대량으로 공급되고, 결과적으로 빨간색 옷이 유행하게 됩니다. 시장 상황에 대한 예측이 결과에 영향을 준 거예요.

사람들 사이의 관계도 마찬가지예요. 〈그리는 손〉의 두 손에 엄마와 아들을 대입해볼까요? 아들이 공부를 잘해서 엄마에게 칭찬을 받아요. 또 엄마에게 칭찬을 받은 아이가 공부를 잘합니다. 오른손이 왼손을 그리고 왼손이 오른손을 그리듯이, 엄마의 칭찬이 아들의 좋은 성적을 만들고, 아들의 좋은 성적이 엄마의 칭찬을 만듭니다. 둘 중 어느 쪽이 먼저인지는 아무도 모르지요. 에셔의 그림에서 오른손이 먼저인지 왼손이 먼저인지 모르는 것처럼 말입니다.

엄마의 칭찬과 아들의 성적 말고도 많은 것들이 〈그리는 손〉과 같은 관계로 존재해요. 내가 남편을 사랑하고 존경할 때, 남편도 나를 아끼고 사랑하게 됩니다. 내가 친구를 믿고 좋은 친구로 여길 때, 내 친구 역시 나를 믿어줍니다. 세상이 일방적으로 나를 만드는 것처럼 느껴질지라도 사실은 내가 세상을 만들어가고 있어요. 자기만 잘살면 될 뿐, 남은 어떻게 되든 신경 쓰

지 않는 것이 세상 풍조라고 해서 나 역시 그렇게 산다면 이 세상은 지옥 식
탁처럼 될 거예요. 하지만 나 말고 다른 사람들을 배려하며 함께 잘사는 곳
으로 만들려는 생각으로 살다 보면, 나의 그런 모습이 주위 사람들에게 영
향을 주어 좀 더 많은 사람들이 서로에게 도움을 주는 천국 식탁을 만들어
갈 거예요.

남을 윤택하게 하는 자는 자기도 윤택하여지리라.

- 「잠언」 11장 25절

태동이 더욱 힘차져서 그 움직임이 엄마의 복부 표면에서도 보일 정도예요. 또 안구의 홍채가 수축 이완을 하기 시작해서 밝은 빛을 비추면 홍채가 수축한답니다. 사물을 보기 위해 눈을 떠 초점을 맞추거나 깜빡일 수도 있고요. 엄마는 조산을 예방하기 위해 양파와 비타민 C를 충분히 드세요. 녹색식물을 기르면 마음이 평온해지고 몸이 안정되며 태교에도 효과적이에요.

우리나라에서 한 해에 출생하는 아기의 수는 2008년 기준으로 46만 6,000명이라고 해요. 비록 출산율은 낮지만 숫자로만 보면 굉장히 많아 보이지요? 이렇게 많은 신생아 중 오직 한 명만 여러분과 특별한 인연을 맺고 태어난다고 생각해보세요. 이보다 더 큰 행운은 없을 듯하지요.

다음 쪽의 손가락뼈가 보이는 사진은 아주 특별한 사진이에요. 뭐가 특별하냐고요? 이 손가락뼈 사진은 최초의 X선 사진이기 때문이지요. 1895년 12월 22일, 뢴트겐은 사람의 몸속 뼈를 볼 수 있게 해주는 신기한 X선을 발견, 아내의 손을 찍은 사진을 학회에 제출했어요. 이후 X선의 발견은 학계와 산업 전반에 매우 큰 영향을 주었답니다. X선의 발견으로 우라늄, 음극선 등의 연구가 더욱 활발해졌고 이를 계기로 입자 물리학, 상대성 이론 등이 출현했으며, 20세기 물리학의 새로운 출발점이 되었어요. 의사들은 X선을 이용하여 골절, 결핵, 폐렴 등을 진단하기 시작했으며 제1차 세계대전 때에는 병사들의 팔, 다리, 가슴 등에 박힌 총알을 제거하는 데에도 효과적으로 사용했지요. X선을 발견한 뢴트겐은 일약 스타가 되었고, 국가적인 영웅이 되었어요. 뢴트겐은 X선을 최초로 발견한 공로를 인정받아 1901년에 노벨 물리학상의 첫 번째 수상자가 되었습니다.

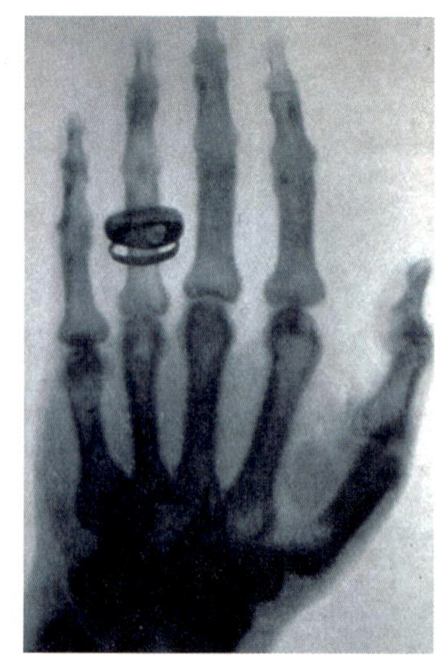

　뼈까지 보이는 X선 사진은 약간 으스스한 기분이 들게 하지만, 위 사진은 뢴트겐이 얼마나 운이 좋은 사람인지를 이야기해주고 있어요. 말하기 좋아하는 사람들에 의해 사실이 약간 각색도 되고 부풀려지기도 했지만, 뢴트겐에 대해 널리 알려진 이야기는 다음과 같아요.

뢴트겐은 사실 별 볼 일 없는 그저 그런 과학자였어요. 그는 당대의 학계를 주도하거나 선도하는 연구를 했던 사람도 아니었고, 총명한 사람도 아니었으며, 성격은 매우 게을렀다고 해요. 그는 당시 독일의 뷔르츠부르크Wurzburg대학교의 물리학 교수였는데, 실험도 별로 열심히 하지 않았고, 별 볼 일 없는 논문 몇 편만 끼적대고 있었대요.

과학사에는 뢴트겐의 경우와 같은 우연한 발명이 꽤 많아요. 사업의 성공 스토리에도 무척이나 많은 우연과 행운이 있는 것을 어렵지 않게 볼 수 있고요. 앞에서도 이야기했듯이 3M의 포스트잇은 강력한 접착제를 만들려다가 실패하여 만들어진 제품이에요. 비록 원래의 목적으로 봐서는 실패지만 그 어떤 접착제보다 더 많은 매출을 올려주는 효자 상품을 낳은 것이지요. 화이자Pfizer의 비아그라Viagra 역시 심장병 치료제를 개발하려다 우연히 세상에 나온 제품으로 유명해요.

세계사에서도 이런 예를 찾아볼 수 있어요. 15세기 이후 유럽 사람들이 바다를 항해하게 된 주된 이유는 후추 때문이에요. 유럽 사람들은 넉넉하지 않은 고기를 소금에 절여 보관해 먹었기 때문에, 요리를 위해서는 후추가 가장 주요한 재료였어요. 그들은 동양과의 무역으로 후추를 얻었는데,

15세기에 터키가 강력한 힘을 얻으면서 그 무역을 차단했어요. 유럽인들은 어쩔 수 없이 바다로 무역항을 개척하게 되었고, 그런 그들의 노력은 우연하게 식민지 개척이라는 뜻밖의 수확으로 이어졌지요.

그렇게 보면 인생에서 우연이나 행운이라는 것이 차지하는 비중은 생각보다 매우 큰 것 같아요. 그리고 우리는 '그런 행운이 나에게 떨어지면 얼마나 좋을까' 하고 항상 바라지요. 어쩌면 모든 일에는 우연이나 행운이 숨어 있을지도 모릅니다. 우연한 발견이나 기대하지 않았는데 찾아오는 뜻밖의 행운을 '세렌디피티serendipity'라고 해요. 영국의 작가 호레이스 월폴 Horace Walpole이 『세렌디프의 세 왕자 The Three Princes of Serendip』라는 동화에서 영감을 얻어 '세렌디피티'라는 말을 만들어냈다고 해요. 이 동화는 보물을 찾아 여행을 떠난 인도의 세 왕자가 자신들이 원하던 것은 얻을 수 없었지만, 뜻밖의 사건을 통해 인생을 살아가는 데 필요한 지혜와 용기를 마음속에서 찾아낸다는 이야기예요.

우연이나 행운이라고 하면, 무엇이 가장 먼저 생각나나요? 언뜻 '로또'를 떠올리는 분도 있을 거예요. 그렇지만 세렌디피티와 로또는 서로 많이 다르지요. 어떤 사람들은 가만히 앉아만 있어도 하늘에서 돈벼락이 떨어지듯 행운이 오기를 바랍니다. 하지만 그런 행운은 없어요. 또 어떤 사람은 자신이 성공하지 못하고 출세하지 못한 것이 행운이 없어서라고 저주받은 인생을 한탄합니다. 그런 사람의 인생은 정말 한탄할 만하지요.

진정한 행운은 콜럼버스Christopher Columbus가 아메리카 대륙을 발견하듯이 온다고 저는 생각합니다. 콜럼버스는 인도를 향해 가던 중이었어요. 그의 원래 목적은 인도에 가는 것이었기 때문에, 엄밀하게 말하면 자신이 원하던 것을 얻지 못한 거예요. 그는 인도 땅에는 발을 딛지 못했으니까요. 그러나 콜럼버스는 더 큰 것을 얻었어요. 마치 포스트잇이나 비아그라처럼 말입니다.

많은 일들이 이와 비슷하게 흘러가는 것 같아요. 계획했던 대로 이루어지는 일은 그렇게 많지 않아요. 오히려 자신의 의도대로 이루어지지는 않았어도 뜻밖의 행운으로 더 좋은 결과를 얻는 경우가 더 많아요. 진정한 행운이나 비즈니스의 성공은 이렇게 이루어지는 것이 아닐까요? 자신의 계획대로 일이 진행되지 않을 때, 낙담하거나 주저앉지 마십시오. 어쩌면 그것이 더 큰 기회일지도 몰라요. 실패처럼 보이는 것이 사실은 원래 목적대로의 성공보다 더 큰 행운을 가져올 수도 있으니까요.

제9장
발
9개월 (33주~36주)

천재들의 아이디어 발상법은 산책

이제 태아는 장기도 거의 발달하고 피부의 털도 거의 사라진답니다. 체내의 모든 호르몬 분비선들이 어른과 거의 비슷한 크기로 자라고요. 엄마는 늘어난 자궁의 무게 때문에 골반 뼈의 연결된 부분인 취골도 아프고 변비와 치질이 생기기 쉬워져요. 부드러운 음식을 조금씩 나누어 먹고, 적당한 운동과 가사 노동으로 몸에 알맞은 자극을 주도록 하세요. 태교도 마무리 단계인 만큼 더욱 신경을 쓰시고요.

9개월이면 배가 많이 불러서 힘들 때지요. 화장실에 자주 가야 하고, 손과 발, 다리가 붓기도 하며 부른 배 때문에 편하게 누워 잘 수도 없어요. 체중도 많이 늘어나서 계단을 조금만 올라도 무릎이 아프고, 숨이 차기도 해요. 그래서 가만히 앉아 편히 쉬고만 싶어집니다. 그냥 가만히 앉아 있기엔 미안해서 태교에 좋다는 책, 마음을 다스리는 데에 좋다는 책을 좀 읽으려 하는데 한 30분도 못 되어 좀이 쑤시고 하품이 나진 않으세요? 책이 너무 재미없거나, 아니면 평소 책 읽는 습관이 들지 않아서 그럴 수도 있어요. 하지만 우리 몸은 한 20분만 앉아 있어도 중력으로 인해 혈액이 하체로 몰리기 때문에 머리를 쓰는 데에 필요한 산소와 포도당이 거의 바닥나요. 오랫동안 앉아 있으면 졸리거나 집중력이 떨어지는 건 바로 이런 이유 때문이

지요. 그렇지 않아도 온몸이 나른하고 힘들어 무얼 하려 해도 잠만 온다면 편안한 신발을 신고 동네라도 한 바퀴 돌아보세요. 비 오는 날이거나 추운 날이어서 밖에 나가기 어렵다면 발바닥 마사지라도 해보세요. 그러면 차츰 머리가 맑아지는 걸 느낄 거예요.

출산이 얼마 남지 않은 이 시기에 산책은 가장 좋은 운동이지요. 늘 신고 다니는 편안한 단화만 신으면 준비 완료예요. 걷고 싶은 만큼 몸에 무리가 되지 않는 한도 내에서 걸으면 됩니다. 산책을 하면 우리 몸에 들어가는 산소의 양이 많아져요. 그러면 뇌에도 충분한 산소가 공급되어 머리도 맑아지고 기분도 상쾌해져요. 엄마의 몸속에 산소가 충분하면 아기의 뇌에도 산소가 충분히 공급될 테니 뇌 발달에 좋은 영향을 줍니다. 엄마가 산책하면서 일정한 속도로 걸으면 규칙적이면서도 적당한 자궁 수축이 일어나요. 이런 자극은 배 속 아기의 촉각을 발달시켜주는 효과가 있어요. 또한 산책을 꾸준히 하면 온몸의 혈액순환을 도와주게 되고 원활한 혈액순환은 다리 저림이나 허리 통증 등에 효과적이에요. 이렇듯 산책은 엄마는 물론 배 속의 아기에게도 좋은 운동입니다.

사실 인류의 지능이 발달하는 데에 '걷기'는 굉장히 큰 역할을 했어요. 인간은 400만 년 동안 두 발로 걸으면서 뇌가 400g에서 1,500g 안팎으로 네 배 정도나 커졌어요. 두 발로 걸으면서 발바닥을 자극함으로써 뇌의 무게가 늘어났다는 것은 발바닥을 자극할수록 머리가 좋아진다는 증거예요. 고대 철학자들 대부분은 걸으면서 생각을 떠올리고 사색을 했다고 합니다. 고대 그리스 철학파 중에 '소요학파逍遙學派'가 있어요. 여기서 '소요逍遙'는 자

유롭게 이리저리 슬슬 거닐며 돌아다니는 것을 뜻해요. 아리스토텔레스는 '리케이온Lykeion'이라는 학원을 세웠는데, 학원에서 아폴로 신전으로 연결된 산책로를 걸으며 제자들을 가르쳤어요. 따라서 그에게서 가르침을 받고 사상을 이어받은 사람들을 바로 '산책을 하며 배우는 무리', 이른바 소요학파라고 불러요.

플라톤Platon, 파스칼Blaise Pascal, 아인슈타인, 모차르트 등은 철학·문학·음악·과학 등 다양한 분야에서 큰 발자취를 남긴 사람들인데, 이들의 공통점이 있다면 산책을 즐겼다는 거예요. 독일의 철학자 칸트는 매일 같은 코스를 같은 시간에 산책해서 마을 사람들이 그가 지나가는 것을 보고 시계를 맞출 정도였다는 이야기도 전해져요. 아인슈타인은 걸어서 출퇴근

하면서 승용차가 자기 뒤를 따라오도록 했대요. 걷다가 피곤해지면 차를 세우고는 차 안에 앉아서 잠시 쉰 후에 다시 내려서 걸었다고 합니다.

실제로 걷는 동안 우리 두뇌는 그 기능이 업그레이드됩니다. 걸으면 혈액과 산소가 뇌의 구석구석까지 흘러들어 가요. 걷기 시작하고 15분 뒤부터는 '뇌 속의 모르핀morphine'이라고 불리는 베타 엔도르핀β-endorphin이 나옵니다. 이 물질은 우리 몸에서 생성되는 신경물질인데 일반적으로 운동할 때, 평상시보다 다섯 배 이상 늘어난다고 해요. 베타 엔도르핀은 정신적 스트레스를 해소하는 작용을 하는데, 이로 인해 우리 뇌는 힘을 발휘하기 가장 좋은 상태가 돼요. 두뇌 회전이 빨라지고 사고력, 집중력, 기억력 등이 향상되어 사물을 판단하거나 생각을 정리하는 속도가 가만히 앉아 있을 때보다 몇십 배나 빨라져요. 사고력과 집중력이 높아지기 때문에 평소에는 생각지도 못했던 참신한 아이디어를 떠올리거나 독특한 사고를 할 수 있는 거예요. 이런 상태에서 15분을 더 걸으면 도파민dopamine이라는 뇌 속 물질이 활성화되면서 의욕이나 의지력이 크게 향상되어 자신감과 성취감 등의 쾌감을 한껏 느낄 수 있어요. 걷기 시작한 후 40분이 지나면서부터는 세로토닌serotonin이 분비되면서 최종적으로 행복한 기분이 듭니다. 이러한 세로토닌은 뇌를 깨우는 호르몬으로, 충족감과 행복한 감정을 불러일으켜요.

가만히 앉아서 생각만 할 때는 주로 지성적인 좌뇌를 사용하게 됩니다. 그런데 온몸을 움직여서 땀을 흘리며 걸으면 좌뇌 대신 감성적인 우뇌가 깨어나요. 꽃 하나를 봐도 '이 꽃 이름이 뭐더라?' 하기보다 '꽃 빛깔이 어쩜 이렇게 고울까?' 하고 보는 관점이 달라집니다. 이렇게 새로운 관점으로 바라볼 때에 뜻밖의 우연한 발견이 따라오게 되지요.

주변 사물을 관찰하고, 새로운 트렌드를 포착하는 데에도 더없이 좋은 것이 산책이지요. 동네의 일상이 매일매일 똑같아 보여도 조금씩 변화가 있기 마련이에요. 시장에 새로운 가게가 문을 열기도 하고, 계절에 따라 가게마다 진열된 물건이 달라져요. 똑같은 슈퍼마켓이라고 해도 손님이 많은 가게가 있고, 상대적으로 적은 가게가 있기 마련이에요. 잘 살펴보면 물건을 진열한 모습이나 가게 주인의 태도가 다른 것을 알 수 있어요. 부동산 앞에 게시된 전·월세 가격도 잘 살펴보면 뉴스에는 안 나오는 우리 동네 부동산 가격의 움직임도 파악할 수 있고요. 집을 얻을 때는 그 동네에 직접 가서 분위기를 살펴보라고 하는 것도 인터넷이나 부동산에서 들을 수 있는 이야기 외에 몸으로 느껴지는 정보가 있기 때문이에요.

오늘, 예비 엄마와 아빠는 서로의 손을 잡고 동네를 한 바퀴 돌아보세요. 지나가는 사람의 옷차림이나 가게의 진열대, 광고간판, 달리고 있는 자동차 종류 등 사소해서 지나치기 쉬운 것들을 관찰하는 거예요. 그리고 그런 것들에 대해 서로 의견을 나눠보세요. 새로운 화젯거리가 되는 것은 물론이고, 상대가 나와 다른 관점에서 보고 이야기하는 것을 발견하게 될 거예요. 이를 통해 서로를 더 많이 이해하게 될 거고요. 동네 산책으로 엄마와 배 속 아기의 건강을 챙기고, 더불어 부부의 사랑도 깊어질 거예요.

34주 고상한 인생은 없다

태아는 감각기관이 꽤 발달해 자극에 적극적으로 반응하는 힘이 생겨요. 또 움직일 공간이 좁아져서 더 꿈틀거리고 덜 차는 등 움직임이 많이 둔해져요. 엄마는 발목과 발이 더 많이 붓고 손과 얼굴도 부어요. 다리에 쥐가 나거나 통증이 생길 수 있고 자다가 다리에 경련이 오기도 한답니다. 소프롤로지(Sophrology) 호흡이나 라마즈(Lamaze) 호흡 또는 임신부 체조를 익히며 분만에 대한 공포를 가라앉히고 출산에 대비하세요.

임신 9개월이면 이제 마지막 달에 들어섰다는 안도감과 함께 곧 닥칠 출산에 대해 불안함을 느낄 때예요. 아기를 낳을 때의 고통이 두렵기도 하고, 갓난아기를 잘 키울 수 있을지도 걱정돼요. 임신 9개월의 예비엄마들을 우울하게 만드는 것 중 하나는 임신 전보다 적게는 8kg에서 많게는 20kg 이상씩 불어난 몸무게예요. 울긋불긋 튼 배와 온몸에 붙은 군살, 퉁퉁 부어 있는 몸을 보면 '살을 빼서 예전 몸매로 돌아갈 수 있을까?'란 생각이 절로 듭니다. 주위 사람들은 아이 낳고 모유 수유하고 애 키우느라 잠 못 자고 고생하면 금방 빠진다고 하지만 과연 사실인가 싶습니다.

그런데 놀랍게도 할리우드 스타나 탤런트, 여배우들은 임신과 출산 소식 후 얼마 지나지 않아 예전과 똑같이 완벽한 몸매로 방송에 나옵니다. 그것도 자기를 닮아 예쁜 아기를 데리고 말이에요. 몸매 관리 비결을 물으면 그저 모유 수유를 열심히 했다거나, 남편 사랑이 비결이란 식으로 대충 넘어가지요. 그렇지만 알고 보면 출산 후에 열심히 운동했을 뿐 아니라 임신 중에도 살이 지나치게 찌지 않도록 다이어트를 하고 매일 요가와 스트레칭을 병행하는 등 S라인 몸매를 유지하기 위해 피나는 노력을 했다고 합니다.

D라인에서 S라인으로 금세 돌아오는 스타 맘들을 보면서 발레리나 강수진 씨의 발이 생각났어요. 몇 해 전, 그녀의 발 사진이 화제가 된 적이 있어요. 아래가 그 사진입니다.

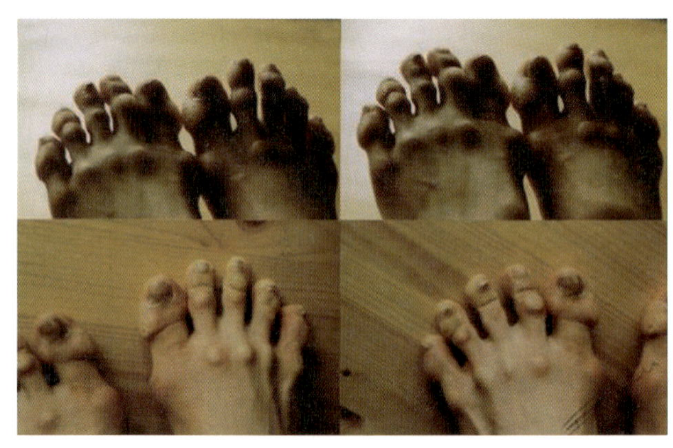

요즘은 페티큐어라고 해서 손만 관리하는 게 아니라 발까지도 매끈하게 매만지고 발톱도 예쁘게 색칠하면서 관리해주는 사람들이 많아요. 무대 위에서 하늘하늘한 발레복을 입고 가늘고 긴 다리로 춤추는 우아한 발레리나

의 모습을 생각하면 발도 참 예쁠 것 같아요. 하지만 생각과 달리 발레리나의 발은 아름다움이나 화려함 등과는 거리가 멀어요. 발가락 마디마다 굳은살이 옹이마냥 박혀 있고 발톱은 다 깨져 있는 그 발은 마치 고목나무 같아 보이기까지 해요. 강수진 씨가 독일 슈투트가르트 발레단에 처음 입단했을 때는 매일 15시간 이상 연습을 하다 보니 하루에 토슈즈를 네 개씩이나 썼대요. 보통 발레리나들은 2~3주에 토슈즈 네 개를 쓰는데 말이에요. 그러다 보니 물품 담당자에게 "아껴 써달라"는 하소연을 듣기도 했답니다. 만일 강수진 씨가 발 모양에 신경을 썼다면 그렇게 열심히 연습하지 못했을 것이고, 무대 위의 우아한 프리마돈나 역시 없었을 거예요. 그녀의 못생긴 발이 아름다운 춤을 만든 거예요.

그리고 보면 스타 맘의 멋진 몸매나 발레리나의 우아한 춤같이 겉으로 드러나는 아름다움 뒤에는 항상 남모르는 노력이 있어요. 그런데 사실 세상의 많은 것들도 이와 마찬가지인 것 같아요. 어떤 오래된 수학 문제가 풀렸다고 해볼까요? 예를 들어, 100년 동안 풀리지 않았던 문제가 처음 풀렸다면 그 풀이는 전화번호부 두께만큼 아주 길 거예요. 그 긴 풀이를 사람들에게 설명하고 사람들이 그 내용을 이해하면서 새로운 개념을 도입하면 그 풀이는 짧아져요. 그러다 50년이 지나고 100년이 지나면 교과서에 한 페이지나 두 페이지 분량으로 짧게 소개됩니다. 우리가 중·고등학교 때 공식으로 외웠던 피타고라스 정리, 근의 공식과 같은 짧고 아주 고상한 정리들의 증명들도 처음에는 아주 구차스럽고 길게 시작했던 것들이에요.

문제 해결의 설명들은 대부분 논리적이고 깔끔하게 되어 있어요. 하지만 실제 해결 과정에서는 생각보다 많은 실수가 포함되고 최종적인 해결에 이르기까지 잘못된 길에 접어들었다가 다시 돌아오는 시행착오가 있을 수밖에 없어요. 어느 누구도 처음 접하는 문제를 고상하게 해결하지는 못해요. 명확하게 정의되는 수학 문제도 그럴진대 우리가 일상생활에서 겪는 문제들은 더더욱 그렇지요.

어떤 사람들은 자신의 문제를 단순하고도 어렵지 않게 해결하는 것처럼 보여요. 하지만 그것은 우리가 결과를 보기 때문에 깔끔해 보이는 것이지요. 남의 성공 이야기를 들어보면 '뭐 그 정도쯤이야 나도 할 수 있어'라는 생각이 들지만 막상 해보려면 생각보다 쉽지 않은 걸 깨닫게 되는 것과 같지요. 실질적인 문제의 해결에는 구차한 일들이 매우 많아요. 결과만 보면 고상해 보이지만, 사실 인생은 생각보다 그렇게 고상하지 않습니다.

해피엔딩으로 끝나는 멜로 영화는 거의 대부분 주인공 두 남녀가 행복하게 결혼식을 하는 것으로 막을 내려요. 온갖 어려움을 이겨내고 아름답게 사랑을 이룬 두 사람은 결혼한 후에 아들, 딸 낳고 아기자기하게 영원히 행복하게 살 것만 같아요. 하지만 지금까지 여러분이 겪어온 결혼생활을 뒤돌아보세요. 행복한 순간이 더 많기는 했지만, 결혼 전에는 '설마 이렇게 사소한 일 때문에 싸울까?' 했던 아주 사소한 것으로도 화내고 속상해하고 싸웠던 적이 있을 거예요. 앞으로 아이를 키우면서 아이 때문에 기뻐서 웃을 때도 많을 테지만 속상해서 눈물 흘리는 날도 있을 거예요. '다른 집 아이들은 모두 건강하고 똑똑하게 잘 자라는 것처럼 보이는데 우리 애는 왜 이렇게 힘들게 클까?'라는 생각이 들 때가 있을 겁니다. 자식 농사 잘 지었다고

TV에 나와서 자녀 교육 비결을 말씀하시는 나이 지긋한 부모님들도 자녀들을 키울 때는 많은 고민 속에서 방황하고 어떤 교육 방침이 맞나 혼란스러워하며 시행착오를 겪었을 거예요.

가끔 우아한 인생을 꿈꾸며 계획했던 일들이 그렇게 척척 진행되지 않는 현실에 낙담하며, '나는 왜 이렇게 되는 일이 없지?' 하고 생각하곤 해요. 그럴 땐 스스로에게 이렇게 말합니다.

"어떤 일도 고상하게 생각대로 되는 것은 없다. 그렇게 되는 일이 있다면 그건 너무나 쉬운 일이다. 어려운 일이나 도전할 가치가 있는 일은 그렇게 고상하게 해결되지 않는다. 그래서 시행착오를 많이 겪으며 구차하게 얻어지는 일이 더 가치 있는 것들이다."

아기에게 더 좋은 태교를 위해 애쓰고 있는 우리 모두는 백조일지도 모릅니다. 겉으로는 우아하게 자신의 모습을 뽐내지만, 물속으로는 방정맞게 마구 발길질을 해대는 백조 말이에요. 아기를 위해서라면 방정맞은 발길질도 마다치 않는 백조 엄마들, 파이팅!

정답을 찾지 말고 정답을 만들어라

35주가 되면 태아는 신생아와 비슷한 체형이 되고, 외성기가 다 완성되어 남녀의 구별도 확실해져요. 이제까지 급속하게 자라던 것과는 달리 성장 비율도 조금 느려져요. 엄마는 출산에 대한 걱정과 조급함으로 짜증이 나고 신경이 과민해질 수도 있어요. 멍한 상태는 더 심해지며 코피와 코 막힘, 귀 막힘이나 빈혈 증세가 나타날 수도 있어요. 이때 양파를 많이 먹으면 출산에 대한 불안감이 줄어든다고 해요.

지금 이 글을 읽고 있는 예비엄마 여러분, 잠깐 읽는 걸 멈추고 생각해보세요. '왜 나는 아이의 창의성을 키워준다는 이 책을 읽고 있을까' 하는 질문을 해보세요. 우리는 왜 아이를 창의적인 사람으로 키우고 싶어 할까요? 왜 창의성이 필요할까요? 약간은 근본적인 질문이지만 대답을 만들어보세요. 그런 질문에 대답을 만드는 것이 창의성을 이해하고 실제로 창의적인 사람이 되게 도와주기도 하니까요.

창의성이 필요한 가장 주된 이유는 변화 때문이에요. 변화를 빨리 캐치하거나 변화를 만드는 주동자가 된다면 큰 기회를 얻을 수 있어요. 그런 변화에 잘 적응하게 만드는 것이 바로 창의성이기에 사람들은 창의성을 원해요.

사람들의 생각은 시간이 흐름에 따라 바뀌어가요. 이런 사람들의 생각 덩어리를 패러다임paradigm이라고 하죠. 어쩌면 패러다임은 상식과 같은 말일 수 있어요. 일반적으로 당연하게 받아들여지는 것이죠. 이런 상식은 시간과 장소와 사람, 그리고 상황에 따라 매우 다르게 나타나요. 그런 변화를 잘 파악하고 적응하는 사람이 유능한 사람이에요. 변화에 빠르게 적응하고 때로는 앞장서서 변화를 만들어가는 사람을 창의적인 사람이라고 말해요. 부모는 아이를 시대에 뒤떨어진 사람이 아니라 변화를 빨리 캐치하고 빠르게 적응하며 변화를 만들어가는 인재로 키우고 싶은 것이죠. 바로 그것이 창의적인 아이로 키우는 겁니다.

그럼 어떻게 하면 변화에 빨리 적응하고 그런 변화를 만들어갈 수 있을까요? 여러 요소가 있겠지만, 가장 기본적으로는 수용적인 태도가 필요해요. 다양성을 인정하고 상대의 입장에서 생각할 수 있는 마음이 필요하지요.

잘 알려진 황희 정승의 이야기를 소개합니다.

황희 정승의 집에, 하루는 아침부터 종들끼리 싸움이 났어요. 시끄럽게 싸우는 소리에 잠이 깨어 마당에 나온 황희 정승에게 작은 여종이 응원군을 만난 듯 고자질을 했어요.

"여차여차해서 싸웠습니다. 제가 옳지요?"

황희 정승은 얼굴에 미소를 띄우며 고개를 끄덕였어요.

"그래, 네 말이 옳다."

큰 여종은 억울한 듯 울상을 짓더니 분한 듯 말했어요.

"대감마님, 그게 아니옵니다. 저차저차해서 싸운 것입니다. 제가 옳지요?"

"그래, 네 말을 들어보니 네가 옳구나."

황희 정승의 부인이 어처구니없다는 듯 방에서 나오며 한마디 했어요.

"얘가 옳으면 얘가 옳고 쟤가 옳으면 쟤가 옳은 법인데 얘도 옳다 쟤도 옳다 하다니 무슨 말씀이요?"

황희 정승이 웃으며 부인에게 이렇게 대답했다고 합니다.

"당신 말을 들어보니 당신 말이 옳구려."

황희 정승은 평균 수명이 35세이던 조선 초기에 90세를 살며 주요 관직을 지내신 거의 유일한 분이에요. 특히 18년 동안 영의정을 지내시며 청렴결백하게 사셨던 삶은 후대에 높이 칭송받고 있지요. 언제나 허허 웃으며 남을 인정하고 다른 사람의 이야기를 수용하신 분으로, 위의 일화는 특히 유명합니다. 황희 정승과 같은 수용적인 태도와 다양성을 인정하는 마음이 창의성의 기본자세입니다. 기술이나 지식보다 더 중요한 것은 마음의 태도예요. 황희 정승의 이야기에서 창의적인 마음의 태도를 배울 수 있는 거지요. 황희 정승의 비슷한 이야기 하나를 더 소개합니다.

황희 정승에게 어떤 이가 찾아와서 물었다고 합니다.

"아버님 제삿날에 우리 집 소가 새끼를 낳았는데, 제사를 안 드려야 되지요?"

황희 정승은 이렇게 답했다고 합니다.

"안 드려도 되지."

며칠 후 다른 이가 찾아와서 물었다고 합니다.

"아버님 제삿날에 우리 집 돼지가 새끼를 낳았지만, 제사는 드려야겠지요?"

황희 정승은 이렇게 답했다고 합니다.

"드려야지."

황희 정승의 부인이 이번에도 타박을 했답니다. 왜 같은 질문을 하는 사람에게 다르게 대답하느냐는 거지요. 그런데 황희 정승은 이렇게 말했다고 합니다.

"제사를 드리기 싫어하는 사람은 안 드리도록 하고, 제사를 드리고 싶은 사람이렇게 같은 상황의 같은 질문에도 다른 대답을 해주는 황희 정승의 지혜를 배워야 할 것 같아요. 그것이 창의성이니까요.

우리가 겪는 일들도 마찬가지예요. 똑같은 문제라도 상황에 따라, 사람에 따라, 시간에 따라 답이 바뀌죠. 그래서 사람들은 인생에 정답이 없다고 말해요. 대학교에 다닐 때 어떤 괴짜 교수님에 대한 이야기를 들은 적이 있어요. 이 교수님은 매년 같은 시험 문제를 낸다고 해요. 그 교수님의 시험 문제가 매년 같기 때문에 학생들은 작년에 A+ 받은 답안지를 외워서 씁니다. 하지만 작년과 같은 답을 쓴 학생은 빵점을 받습니다. 완벽한 답안을 썼는데 왜 나쁜 점수를 주시냐고 학생들이 따지면 교수님은 이렇게 답한대요.

"작년과 금년은 상황이 바뀌고 환경도 바뀌었네. 그러니 문제가 같더라도 정답은 다를 수밖에 없다네."

삶은 정해진 과녁에 활을 쏘는 게임이 아니에요. 움직이는 과녁에 활을 쏘는 게임이기에 우리는 지금 정해진 정답이 아닌 새로운 정답을 만들어가는 것이에요. 곧 태어날 아기가 살아갈 세상은 엄마, 아빠가 살아온 세상과는 또 다르겠지요. 지금 옳다고 여겨지는 육아 방법이 나중에도 옳다고 여겨질지는 모르겠어요. 아기를 잘 키우는 방법 역시 하나로 정해진 것이 아니라 부모와 자녀의 성격, 세상의 변화에 따라 달라지겠지요. 우리 가정만의 자녀 교육 방법을 만들어가는 노력이 필요합니다.

아이디어의 완성은 실행이다

36주

태아는 점차 머리를 골반 안으로 집어넣으며 탄생할 준비를 해요. 내장 기능도 원활해지고 살이 오르며 근육도 제법 발달한답니다. 엄마는 태아가 골반 속으로 내려감으로써 눌려 있던 위가 편해져 숨도 덜 차고 식욕도 좋아져요. 출산에 대한 불안감은 남편과 대화를 나누며 떨쳐버리세요. 가장 불안하게 생각되는 것이 무엇인지 항목을 만들어 하나하나 짚어가며 대화를 나누다 보면 마음이 안정될 거예요.

대부분의 엄마들은 똑똑한 아이를 기대해요. 머리 좋은 아이가 태어나기를 바라지요. 그래서 아기가 배 속에 있을 때부터 여러 가지 지능을 발달시키는 태교를 해요. 머리 좋고 똑똑한 아이를 기대하는 것은 모든 부모가 마찬가지일 거예요. 그런데 어쩌면 좋은 지능을 제대로 발휘할 수 있게 하는 것은 발이에요. 발은 실행력을 말합니다. 실행력이란 좋은 생각을 행동으로 옮기는 능력을 뜻하지요. 실행에 옮기는 능력이 진짜 똑똑한 사람을 만드는 가장 중요한 요소예요.

아이디어가 많은 사람이 지닌 특징 중 하나가 우유부단함이에요. 아이디어를 만드는 주요한 원리 중 하나가 너무 일찍 판단하지 않고 기다리면서 모든 가능성을 생각하는 것입니다. 그래야 고정관념에 빠지지 않고 남과 다른 생각을 찾을 수 있기 때문이에요. 하지만 그렇게 생각만 하고 더 좋은 아이디어만 찾다가 적절한 시간 안에 실행하지 못해서 기회를 잡지 못한다면 어떨까요? 어쩌면 그저 평범한 아이디어를 일찍 실행에 옮긴 것보다 못한 결과를 낳을 수도 있어요. 그러면서 최상의 아이디어가 좀 더 빨리 나왔다면 더 크게 성공했을 거라고 변명만 늘어놓을지도 모르지요. 그래서 기업의 최고 경영자가 갖추어야 할 덕목 중 가장 중요한 덕목이 바로 실행력이에요. 실행력의 중요성을 알려주는 대표적인 이야기 하나를 소개하기로 하지요.

미국의 유명한 자동차 회사인 크라이슬러Chrysler사에서 아이아코카Lee Iacocca가 회장으로 있을 때의 일이에요. 그는 덮개가 없는 차인 '컨버터블카convertible car'를 개발하기 위해서 기술 책임자에게 모형을 제작하라고 지시했어요. 그랬더니 기술 책임자는 표준 운영 절차를 검토해 9개월 이내에 신제품을 만들어보겠다고 답변했어요. 표준 절차대로라면 9개월도 더 걸리겠지만 회장의 지시이기에 최대한 단축해서 한 답변이었어요. 그때 아이아코카는 화를 벌컥 내며 다음과 같이 말했다고 합니다.

"자네는 아직 내 말뜻을 못 알아듣는군. 당장 가서 차 한 대를 구해 가지고 윗부분을 쇠톱으로 잘라내란 말이야."

결국 아이아코카는 그가 원하는 시제품을 즉시 갖게 되었어요. 그다음에 그는 직접 시내를 돌아다니면서 반응을 조사했어요. 그에게 손을 흔들어주는 사람들의 수가 만족할 만한 수준이라고 판단되자 그는 그 차를 생산하도록 지시했고 결국 큰 성과를 거두었어요.

　서양에서뿐만 아니라 동양에서도 실행력을 중요하게 여겼어요. 우리 속담 중에 '구슬이 서 말이라도 꿰어야 보배'라는 말이 있어요. 아무리 귀하고 예쁜 구슬이 많더라도 이것들을 하나로 완전히 꿰어야 제대로 가치를 인정받는 보물이 된다는 뜻이지요. 또한 중국의 유학자 왕양명王陽明은 지행합일知行合一을 주장하면서 앎과 실천이 다르지 않음을 강조했어요. 즉, 안다는 것은 실천의 시작을 의미하고, 앎은 실천을 통해 완성된다고 보았어요.

　우리는 흔히 알면서 실천하지 못했다고 말하곤 해요. 편식, 과식하지 않고 적당히 운동해야 건강에 좋다는 것을 다 알지만 운동 계획을 세워놓고 마음먹은 지 사흘 만에 없던 일이 되고 맙니다. 배 속의 아기가 총명하고 지혜롭게 자라도록 태교를 열심히 해야지 하면서도 조금만 피곤하면 '엄마 몸이 편한 게 최고의 태교야!' 하면서 게으름을 부리기도 하고요. 이렇게 알면서도 안 하는 것은 무엇일까요? 지행합일의 정신에서 보면 이것은 결국 제대로 알지 못하기 때문이라는 거예요. 운동의 중요성, 태교의 중요성을 제대로 알았다면 이럴 수 없다는 거예요. 반짝이는 아이디어, 좋은 계획이 있더라도 실행에 옮기지 않는다면 실제로는 존재하지 않은 것과 똑같아요. 아무 소용이 없는 거지요.

현대그룹의 창업자 고故 정주영 명예회장이 직원들에게 즐겨 하는 말이 하나 있었대요. 뛰어난 통찰력을 지녔던 정주영 회장은 여러 가지 사업 아이디어를 내놓고 부하 직원들에게 검토해보라고 했답니다. 워낙 상식을 깨는 아이디어라서 "그건 도저히 불가능한 일입니다"라고 참모들과 부하 직원들이 대답하곤 했답니다. 그럴 때마다 정주영 회장은 항상 이 한마디, "이봐, 해봤어?"로 간단명료하게 답해주었어요. 해보지도 않고서 미리 안 된다고 이야기하지 말라는 의미지요.

항상 이거 해야지, 저거 해야지 하면서 생각은 많은데 제대로 하는 일은 없다면 오늘은 생각나는 일을 바로 실행에 옮겨보세요. 오늘 게으름을 부리다가 내일로 미뤄놓은 일, 할까 말까 망설이다가 결정하지 못하고 좀 더 좋은 방법을 찾은 다음에 해야지 하고 미뤄놓은 일이 지금 당장은 사소해 보일지 모르지만, 나중에는 돌이킬 수 없는 큰 차이를 만들 수도 있으니까요. 해보세요, 지금 당장!

제 10장

창의적인 부모, 창의적인 아이

10개월(37주~40주)

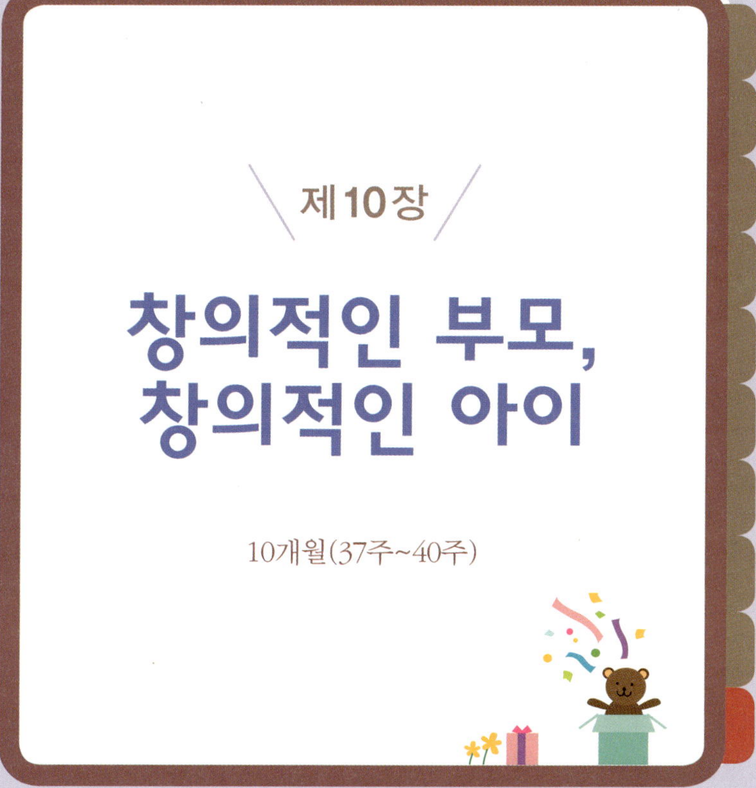

태아는 심장, 간장, 호흡기, 소화기, 비뇨기 등 모든 장기가 완성되었어요. 몸은 자궁을 꽉 채울 만큼 커졌고요. 엄마는 아기를 잘 낳을 수 있는 힘을 비축하세요. 태어난 아기를 위해 모유를 먹이려면 다른 어느 때보다 영양 관리를 잘해야 해요. 특히 비타민 C, 엽산, 비타민 B12, 비타민 E를 충분히 섭취하도록 하세요. 순산하기 위한 체조, 호흡법이 숙달되도록 반복하여 연습해두세요.

분만 예정일이 이제 한 달밖에 남지 않았네요. 정확하게 예정일에 태어나는 아기는 약 5% 정도이고, 예정일 전후 일주일 안에 태어날 확률이 75% 정도라고 하니 빠르면 3주 정도 지나면 아기를 만날 수 있겠어요. 제 아들도 예정일보다 2주나 빨리 태어났답니다. 머리 좋은 아이가 빨리 세상을 보고 싶어 일찍 나온다는 속설이 있어요.

그런데 머리 좋은 사람, 즉 IQ intelligence Quotient, 지능지수가 높은 사람은 창의적일까요? 반대로 창의적인 사람은 IQ도 높을까요? '창의성' 하면 으레 음악가 모차르트나 화가 피카소, 물리학자 아인슈타인과 같은 소위 천재 예술가나 과학자를 연상하게 되지요. 그래서인지 사람들은 지능이 높고 똑똑한 사람이 창의적인 생각도 잘해낼 거라고 생각해요. 물론 지능지수가 높은 사람이 창의적일 수 있어요. 창의성도 지능의 한 요인일 수 있기 때문이지요.

그런데 지능지수를 측정하는 IQ 테스트는 어떻게 만들어졌을까요? 우리가 흔히 사용하는 IQ 테스트의 원래 이름은 '스탠포드 비네 IQ 테스트'입니다. 프랑스의 교육학자 알프레드 비네Alfred Binet가 만든 테스트를 스탠포드대학교의 심리학자 루이스 터먼Lewis M. Terman이 수정·보완해서 만든 것이지요. 그런데 원래 비네가 개발한 테스트는 정신 지체아를 판별하기 위한 것이었어요. 똑똑한 사람을 구별해내는 데에 쓰인 게 아니라 오히려 반대 목적으로 만들어진 테스트였지요. 비네와는 달리 타고난 영재에게 더 많은 관심이 있던 터먼은 비네의 테스트를 영어로 번역하면서 여기에 어려운 문제들을 더해 영재아와 성인을 대상으로 한 지능 테스트를 만들어냈어요. 터먼이 만든 테스트는 한 사람의 지능을 장황한 문장이 아니라 간단한 숫자로 나타냈기 때문에 큰 인기를 끌었어요. IQ가 높으면 똑똑한 사람이라고 쉽게 판단을 내릴 수 있도록 해준 이 테스트는 학교와 군대, 기업 등여러 곳에서 활용되었어요.

제 기억에 초등학교 고학년이나 중학교 1학년 때쯤, 학교에서 IQ 검사를 받아본 적이 있어요. 몇몇 아이들이 선생님께 따로 불려 갔다 와서 자기 점수를 자랑스럽게 말했던 것이 기억납니다. 그런데 막상 제 점수는 왜 기억나지 않는지 그 이유를 잘 모르겠네요. 아무튼 그때 봤던 문제는 다음과 같았어요.

IQ 테스트는 위의 문제처럼 수들 사이의 규칙을 찾거나 비슷해 보이는 그림 중에서 다른 하나를 찾아내는 문제, 적당한 단어를 찾는 문제들로 구성됩니다. 이들 문제를 가지고 인간의 일곱 가지 기본 정신 기능 요인(기억·수·지각·추리·공간·언어·유창성)을 측정하도록 설계되어 있어요. 한마디로 책을 많이 읽어서 이해력이 뛰어나고 수학을 잘하는 사람, 즉 학교 공부에 적합한 사람이 점수가 높게 나오도록 만든 테스트이지요. 인간의 지적 능력은 최소한 120여 가지 능력의 조합이라는데, IQ가 측정할 수 있는 지능은 겨우 일곱 가지 영역에 불과해요. 그러니 IQ가 높다고 해서 창의성이 높은 건 아니지요.

창의성 관련 연구들을 보면, 지능과 창의성 간에는 그다지 큰 관계가 없다는 주장이 지배적이에요. 이런 주장 중 하나는 지능지수와 창의력은 거의 관계가 없고, 있어도 미미한 수준이며, 지능지수가 일정 수준만 넘으면 지능이 창의성 발현에 별 영향을 미치지 못한다는 '역치 이론threshold theory'이에요. 이는 아서 잰슨Arthur Jensen이라는 학자가 주장한 이론으로 IQ가 대략 115 정도만 되면, 그다음부터는 지능보다는 성격이나 노력이 창의성 발현을 좌우한다는 내용이에요. 평범한 지능을 가진 보통 사람이라도 노력에 따라 얼마든지 창의성을 발휘할 수 있다는 이야기인데, 말콤 글래드웰

Malcolm Gladwell의 『아웃라이어Outlier』로 유명해진 '1만 시간 법칙'을 떠올리게 합니다.

1만 시간 법칙이란 어느 분야에서든 세계적 수준의 전문가가 되려면 최소 1만 시간의 연습이 요구된다는 거예요. 1만 시간은 하루에 3시간씩 훈련한다고 가정할 경우, 약 10년에 해당하는 기간이에요. 위대한 스포츠 선수, 예술가, 문학가 등 어느 분야에서든 1만 시간보다 적은 시간 동안 연습하고 세계적 수준의 전문가가 된 경우는 없대요.

천재 음악가 모차르트도 신이 내린 타고난 재능보다는 혹독한 노력의 결과로 탄생되었다는 주장이 나오고 있어요. 심리학자 마이클 호에Michael Howe에 따르면, 모차르트가 어린 시절에 만든 곡은 아버지 레오폴드Leopold가 작곡했거나 다른 음악가의 곡을 모방한 것에 지나지 않는다고 해요. 모차르트의 진정한 작품(피아노 협주곡 8번)은 21세부터 나왔는데, 이는 18년 간 아버지나 입주 과외 교사가 엄하게 지도하며 훈련시킨 결과라고 합니다. 결국 타고난 지능보다는 목적의식을 갖고 얼마나 치열하고 집요하게 노력하느냐가 창의성을 끌어내는 데에 훨씬 더 중요하다는 이야기예요.

수평적 사고의 창시자로 창의성의 대가인 에드워드 드 보노는 "지능은 정신의 잠재력"이라고 하면서 사람의 정신을 자동차에, 지능을 자동차의 마력에 비유해서 다음과 같이 설명했어요.

"마력은 자동차의 잠재력이다. 그러나 자동차의 성능은 운전자의 솜씨에 달려 있다. 좋은 차일지라도 운전자의 솜씨가 형편없을 수 있고, 평범한 차일지라도 운전자의 솜씨가 뛰어날 수 있다. 같은 방식으로 '지능이 높은' 사람일지라도 사고 기법을 배우지 못했다면 형편없는 사색가가 될지 모른다. 반대로 지능이 그다지 뛰어나지 않더라도 우수한 사고 기법을 가질 수 있다."

평범한 차(지능)를 가진 저 역시 드 보노의 이 설명을 참 좋아합니다.

베스트 드라이버가 베스트 카를 만든다!

"왜?"라는 질문과 "왜냐하면……"이란 대답

태아는 완전한 4등신이 되고 얼굴은 신생아와 거의 차이가 없어요. 또 밖에서의 생활에 대비해 효소와 호르몬을 저장해요. 태아가 지나치게 조용하거나 태동이 없으면 살짝 건드려 반응을 살펴보세요. 자극을 주었는데도 반응하지 않으면 즉시 병원에 가야 해요. 비타민 E는 출산 전 엄마의 산소 공급을 돕고 근육 경직을 완화해주어 순산에 도움이 되는 영양소니까 많이 먹어두세요. 땅콩, 현미, 녹황색채소, 대두, 야채 등에 많이 들어 있어요.

"어진 스승의 10년 가르침이 어머니의 열 달 가르침만 못하다"는 옛말이 있어요. 태 속의 가르침이 생후 10년을 배우는 것보다 더 중요하다는 뜻이지요. 우리나라를 비롯해서 중국, 일본에서는 여러 문헌을 통해 태교의 중요성을 기록하고 있어요.

서양에서는 유일하게 유대인들이 오래전부터 태교를 중요시해왔어요. 그러나 유대인을 제외한 서양인들은 근대에 들어서야 비로소 태교를 인식하기 시작했지요. 그래서인지 유대인 출신의 세계적인 석학들이 많아요. 노벨상 수상자들의 민족 분포만 따져보아도 단연 유대인의 비율이 높아요. 65억 세계 인구 중 유대인은 약 1,300만 명으로 세계 인구의 0.19%에 불과하지만 1901년부터 2008년까지 유대계 혈통으로 노벨상을 받은 사람은 179

명으로 전체(개인 수상자 793명)의 22%에 이른다고 하네요. 인구 730여만 명의 이스라엘도 건국 61년 만에 9명의 수상자를 냈는데, 이를 인구 비율로 환산하면 우리나라는 60명쯤 받아야 한다고 합니다.

유대인이 노벨상을 많이 받는 이유는 무엇일까요? 언뜻 생각하면 머리가 좋고 똑똑해서, 즉 지능지수IQ가 높기 때문이라고 결론 내리기 쉬워요. 하지만 2002년 핀란드 헬싱키대학교가 세계 185개국 국민의 평균 IQ를 조사한 결과를 살펴보면, 이스라엘의 평균 IQ는 95(26위)로 한국(106-2위), 미국(98-19위)보다 낮은 것으로 나왔어요. 머리가 특별히 좋은 게 아닌데도 노벨상을 많이 받는 이유는 무엇일까요?

뜨거운 자녀 교육열과 악착스러운 생활자세로 한국인은 '동양의 유대인'이라는 별칭으로 불린다고 해요. 교육열이 높다는 것이 유대인 부모와 한국인 부모의 공통점이지만, 안을 들여다보면 확연하게 다른 점을 찾을 수 있어요. 하나의 예로 학교에서 돌아온 아이에게 던지는 질문이 다르다고 해요. 한국인 부모는 이렇게 묻는다고 합니다.

"학교에서 무엇을 배웠니?"

이것은 학교에서 선생님이 무엇을 가르쳐주었는지 묻는 질문이에요. 이 질문 속에는 '선생님께서 중요한 내용을 가르쳐주었는데, 넌 잘 알아들었니?'라는 의미를 담고 있어요. 은연중에 '지식은 선생님이나 웃어른에게서 얻는 것이기 때문에 항상 옳고 중요한 것'이라는 생각을 아이에게 심어주게 됩니다. 이 질문에는 '너도 공부를 잘해서 그런 지식을 많이 가진 권위 있는 사람이 되어라' 하는 메시지가 담겨 있어요.

반면, 유대인 부모의 질문은 이렇습니다.

"학교에서 넌 무엇을 질문했니?"

이 질문의 포인트는 학교가 아니라 자녀예요. 수동적으로 학교에서 가르쳐주는 것을 배우는 것이 아니라 스스로 배우기 위해, 알기 위해 어떤 질문을 던졌는지 묻지요. 기존 지식을 무조건 수용하는 것이 아니라 왜 그런지 근원을 파헤치도록 권하는 질문이에요.

한국인 부모는 기존 지식의 권위를 인정하고 수용하는 쪽으로 자녀를 유도하지만, 유대인 부모는 반대로 기존 지식을 그냥 받아들이기보다는 '왜' 그런지 근본부터 따져 들어가게 해서 나름대로의 방식으로 이해하고 도전하는 쪽으로 자녀를 격려해요.

"왜?"라고 질문하는 학생은 가르쳐주는 대로 배우지 않고 자신이 궁금해서 알고 싶은 것을 스스로 찾아요. 부모님이나 선생님이 시켜서 억지로 하는 공부가 아니라 스스로 하고 싶어서 하는 공부이지요. 세계적인 성과를 낸 노벨상 수상자들 가운데 노벨상 자체가 목표였던 사람은 없어요. 스스로 궁금증을 풀고 싶어서 연구에 매진하다 보니 뛰어난 연구 성과를 내게 된 것이지요.

아이들로 하여금 "왜?"라고 질문하도록 유도하는 것이 중요한 반면, 부모는 매사에 "왜냐하면……"이라는 설명을 아이들에게 해주는 것이 중요해요. 이는 자녀를 설득하는 강력한 도구이기 때문이지요. 얼마만큼 강력한 도구인지 다음 이야기로 보여 드리지요.

　　지수와 엄마가 찰흙으로 그릇을 만들고 있었어요. 지수는 단순하게 반복해서 찰흙을 반죽하는 것이 지겨워졌어요. 빨리 반죽을 끝내고 그릇을 만들고 싶었던 것이지요.

　　"엄마, 반죽은 그만하고 빨리 그릇 만들어요."

　　지수가 게으름을 부린다고 생각한 엄마는 무서운 얼굴로 대답했어요.

　　"얼마나 했다고 게으름을 부리니. 손에 힘주고 반죽 더 해라!"

　　엄마가 무서운 지수는 귀찮은 반죽을 억지로 하는 척하면서 시간을 때웠어요. 그릇을 만들고 모든 작업이 끝났어요. 이제 만든 그릇을 말리기만 하면 됩니다. 엄마는 그늘에다 말리라고 지수에게 말했지만 빨리 말리고 싶었던 지수는 엄마가 자리를 비운 틈을 타서 찰흙으로 만든 그릇을 햇볕에 말렸어요.

　　지민이와 아빠도 찰흙으로 그릇을 만들고 있었어요. 지민이 역시 단순하게 반복해서 찰흙을 반죽하는 것이 지겨워졌어요.

　　"아빠, 반죽은 그만하고 빨리 그릇 만들어요."

　　지민이의 말에 아빠는 차근차근 대답했어요.

　　"반죽을 하는 이유는 흙 속에 있는 보이지 않는 공기를 빼내기 위해서야. 공기가 흙 속에 남아 있으면 나중에 마르면서 공기가 빠져나와 그릇이 갈라진단다."

　　아빠의 설명에 지민이는 열심히 반죽을 했어요. 그릇에 금이 생기면 안 된다고 생각하면서 말이에요. 그릇을 다 만들고 난 지민이는 아빠에게 말했어요.

　　"아빠, 햇볕에다 두면 빨리 마를 것 같아요."

지민이의 말에 아빠는 이번에도 차근차근 대답해주었어요.

"햇볕에 두면 금방 말라서 좋을 것 같지만, 그릇의 안과 밖이 마르는 속도가 달라서 그릇이 휘어지고 깨어지기 쉽단다. 시간이 더 걸려도 그늘에다 말려야 예쁜 그릇을 만들 수 있단다."

아빠의 설명을 들은 지민이는 그늘에다 그릇을 말렸어요.

이 이야기에서 지수가 특별히 말을 안 듣는 아이라서 엄마 말씀을 어긴 것이 아니고 지민이가 특별히 착한 아이라서 아빠 말을 들은 것이 아니에요. 둘 다 똑같이 평범한 아이지만 엄마와 아빠의 대응 방식에 따라 다른 행동을 보였어요. "왜냐하면……"이라는 한 줄의 짧은 설명이 자녀를 설득해서 바람직한 행동을 하게 하는 데에 얼마나 강력한 역할을 하는지 알 수 있어요. 물론 실제로 어린 자녀에게 모든 일에 대해 설명하기란 쉽지 않아요. 하지만 "왜?"라는 질문을 하는 창의적인 자녀는 "왜냐하면……"이라고 대답하는 현명한 부모에게서 만들어진다는 것, 잊지 마세요!

피그말리온 효과를 이용하라

이제 태아는 키가 약 50cm, 체중은 약 3,000g, 머리 둘레는 34cm가량 된답니다. 언제든지 밖으로 나올 수 있는 상태가 된 거예요. 엄마는 출산이 가까워지면 배가 당기는 증상이 빈번해지지만 진통이 시작된 것은 아니에요. 이것은 출산을 위한 예행연습으로 진통이 불규칙적이라면 걱정할 필요가 없어요. 이때는 선배 엄마들의 체험담을 들으며 마음을 편안하게 가지세요. 곧 만나게 될 귀여운 아기를 떠올리면서요.

미국의 교육학자인 로젠탈R. Rosenthal과 제이콥슨L. F. Jacobson은 1964년, 샌프란시스코의 한 초등학교에서 전교생 650명을 대상으로 지능 검사를 했어요. 그리고 이 검사에서 높은 점수를 받은 20%의 학생을 해당 학교에 알려주면서 '지적 능력이 높아 학업 성취의 향상 가능성이 매우 높다고 객관적으로 판명된 학생들'이라고 통보했지요. 학교에서는 이 학생들을 대상으로 6개월, 1년, 2년의 추적 조사를 했어요. 추적 조사 결과, 실제로 그들의 학업 성적은 매우 크게 향상되었어요. 학교 공부는 IQ가 높아야 잘할 수 있다고 사람들이 결론짓기에 충분한 결과였지요. 하지만 그 실험은 처음부터 거짓으로 꾸민 것이었어요. 실험에 참여한 학생들에 대해 지능 검사를 하긴 했지만, 실제로는 지능이 높은 아이들을 통보한 것이 아니라 무작위

로 20%의 학생을 뽑아 그 명단을 해당 학교에 통보했던 거지요. 한마디로 학생들과 교사들을 모두 속인 거예요.

그런데 놀라운 점이 발견되었어요. 명단에 속한 학생들은 다른 일반 학생들보다 평균 점수가 매우 높아졌을 뿐만 아니라 예전에 비하여 성적이 큰 폭으로 향상된 것이죠. 그것은 명단을 받아 든 교사들이 지능 높은 학생들을 학업 성적이 향상되리라는 기대를 가지고 정성껏 돌보고 칭찬한 결과였어요. 그러한 사랑을 받은 아이들은 선생님이 관심을 보여주니까 공부하는 태도도 변하고 공부에 대한 관심도 높아져, 결국 능력까지 변한 거예요.

처음에는 뭔가를 기대할 수 있는 상대가 아니었다 해도 마음속에서 믿고 행동함으로써 상대를 자신의 기대대로 변하게 만드는 신기한 능력이 우리 마음에 있어요. 이것을 '피그말리온 효과 Pygmalion effect'라고 불러요.

피그말리온 효과는 타인의 기대나 관심으로 인하여 능률이 오르거나 결과가 좋아지는 현상을 의미하는 심리학 용어예요. 그리스 신화에 나오는 키프로스Kypros의 왕이자 조각가인 피그말리온은 아름다운 여인상을 조각하고, 그 여인상을 진심으로 사랑하게 되는데 여신女神 아프로디테는 그의 사랑에 감동하여 여인상에게 생명을 주었다고 해요.

피그말리온 효과를 생각하면 칭찬과 긍정적인 생각이 얼마나 큰 힘이 되는지를 알 수 있어요. 따라서 우리는 나 자신에 대하여 긍정적으로 생각하고, 내 주위의 사람들에게 항상 칭찬을 아끼지 말아야 해요. 그것이 내가 발전하고 우리가 발전하며, 언제나 생기 넘치고 즐거움이 가득한 성공적인 인생을 살아가는 비결인 거예요.

우리들이 경험했던 것을 돌아볼까요? 우리는 학교에서 여러 선생님을 만났어요. 어떤 선생님은 나를 주눅이 들게 했고 소극적으로 만들었어요. 반면에 어떤 선생님은 나에게 자신감을 주고 더 열심히 공부할 수 있게 이끌어주셨지요. 내가 자신감을 갖고 열심히 공부할 수 있도록 이끌어주셨던 선생님은 대부분 나에게 칭찬과 격려를 보내주신 분이에요.

내가 곧 태어날 아기에게 해줄 수 있는 가장 중요한 일은 아기를 사랑하고 칭찬하며 좋은 생각으로 바라보는 것이지요. 그것이 그 어떤 교육보다 아기를 더 크게 키우고 행복한 삶을 살게 할 거예요. 칭찬과 격려가 가장 큰 교육이며 보약이지요.

우리의 인생에는 피그말리온 효과와 같은 일들이 매우 많아요. 긍정적인 마음으로 서로 즐겁고 행복하게 칭찬과 격려가 넘치는 생활을 만드는 것이 중요하지요. 피그말리온 효과와 유사한 몇 가지 심리학적인 효과를 소개해 볼게요.

● 플라시보 효과 Placebo effect

플라시보Placebo, 僞藥란 특정한 유효 성분이 들어 있는 것처럼 위장하여 환자에게 투여하는 약이에요. '플라세보'라고도 하며 독도 약도 아닌, 약리학적으로 비활성인 약품(젖당·녹말·우유·증류수·생리적 식염수 등)을 약으로 속여 환자에게 주며 매우 효과가 있다고 말하면, 실제로 그것을 믿는 환자의 마음에서 어떤 치료 효과가 일어나는 것을 플라시보 효과라고 해요. 플라시보 효과란 사람의 심리를 이용해서 효과를 보는 거예요. 좀 극단적인 예지만, 갑자기 날씬해진 친구가 어떤 약품을 권하면서 한 "이 약을 한 달간 먹으면 식욕감퇴 현상이 일어나 살이 쭉쭉 빠질 거야, 내 친구랑 나도 엄청 효과 봤어"란 말을 듣고 약을 복용하면 정말로 살이 빠진다는 거예요. 그 약이 실제로는 녹말 덩어리 몇 개인데도 말이에요.

반대로 노시보 효과 Nocebo effect도 있어요. 이는 적절한 처방이나 약도 정작 환자 본인이 믿지 않고 의구심을 가지면 병이 잘 낫지 않는 현상이에요. 일반적으로 플라시보 효과보다 노시보 효과가 더욱 강력하며 자주 일어난다고 하네요.

피그말리온 효과와 반대되는 심리학적인 개념으로 스티그마 효과도 있어요.

● 스티그마 효과 Stigma effect

스티그마란 시뻘겋게 데워진 도장을 가축에 찍어 소유자를 표시하는 '낙인'을 뜻하는데, 특정인이 좋지 않은 과거 행적으로 인해 사회적으로 낙인 찍혀 거래나 교류를 거부당하는 것을 두고 스티그마 효과라 불러요.

피그말리온 효과를 비롯하여 많은 이론은 엄마가 기대하고 믿는 만큼 아이가 성장한다는 것을 보여주고 있어요. 내가 사랑하는 아이가 크게 성장하여 성공하는 행복한 삶을 이루기 바란다면 엄마인 나의 조건 없는 칭찬과 격려가 필요하다는 걸 명심하세요!

40주 성공 지능을 키워줘라

이제 출산이 임박했어요. 출산이 다가오면 피가 섞인 이슬이 비치고 규칙적인 진통이 시작된답니다. 이때는 서둘러 샤워를 하고 입원 용품 등을 준비해 병원으로 갈 준비를 하세요. 이슬이 비치고도 2~3일, 길게는 일주일 후에 출산하는 경우도 있지만 먼저 병원으로 가도록 하세요. 분만 예정일은 임신 40주 0일째 되는 날이지만 초산의 경우에는 예정일보다 조금 늦게 진통이 시작되기도 한답니다.

이제 몸이 아주 무거워지고 출산에 대한 두려움이 커졌을 테니 재미있는 문제 하나로 이야기를 시작해볼게요.

● 구멍가게의 콜라

콜라 1병에 100원 하는 동네 구멍가게가 있습니다. 가게에서는 빈 병을 2개 가져오면 콜라 1병을 공짜로 바꿔줍니다. 만약 당신에게 500원이 있다면 당신은 최대 몇 병의 콜라를 마실 수 있을까요?

이 문제를 사람들에게 내보면 대부분의 사람들은 9병을 먹을 수 있다고 대답합니다. 일단 500원으로 100원짜리 콜라를 5병 먹을 수 있고, 다 먹고 난 빈 병 5개 중 4개를 콜라 2병으로 바꿀 수 있어요. 이 2개의 콜라를 더 먹으면 다시 빈 병이 2개 생기고, 콜라 1병과 바꿀 수 있지요. 바꾼 콜라를 마시고 나면 빈 병이 하나 생기는데, 처음에 남은 빈 병과 합하면 콜라를 1병 더 먹을 수 있어요.

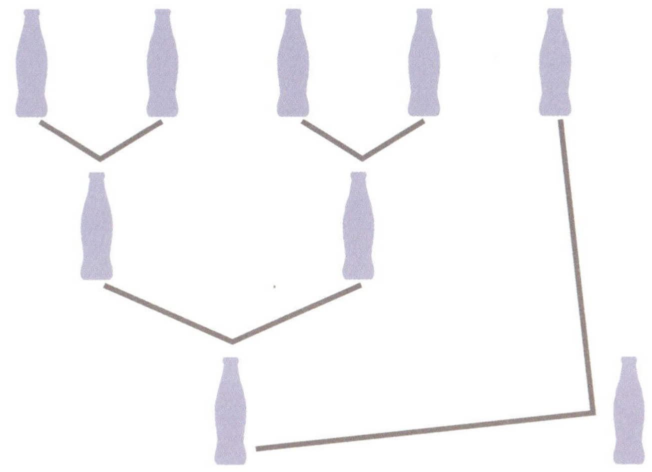

그런데 이 문제를 소개한 의도는 콜라 9병이 아니라 10병을 먹을 수 있다는 걸 이야기하고 싶어서예요. 단순히 몇 병의 콜라를 먹을 수 있는지 계산하라는 것이 아니에요. 어떻게 10병의 콜라를 먹을 것인가를 한 번 더 생각해보세요.

　보통 사람들은 앞에서와 같이 9병의 콜라를 먹어요. 하지만 좀 더 먹으려면, 마지막 콜라를 마시고 나서 빈 병이 하나 남는 것에 주목해야 합니다. 여기서부터는 적극적인 행동양식이 필요해요. 가게 주인에게 외상으로 콜라를 하나 사는 거죠. 물론 곧 콜라 값을 갚는다고 주인을 설득해야 하겠지만 말이에요. 그리고 콜라를 마시면 조금 전의 빈 병과 합쳐서 2개의 빈 콜라 병이 생깁니다. 그럼 그것을 콜라로 바꿔서 조금 전의 콜라를 외상으로 가져온 가게 주인에게 갚아요. 그러면 모두 10병의 콜라를 먹는 것이죠.

　로버트 스텐버그 Robert J. Sternberg 교수는 사람들의 사회생활에 필요한 지능을 분석 지능, 창의 지능, 그리고 실천 지능으로 분류했어요. 분석 지능이란 문제를 분석하고 합리적으로 생각하며 논리적으로 파악하는 지능이에요. 실제로 우리가 알고 있는 IQ도 분석 지능과 관련이 있는 지능이지요. 창의 지능이란 독창적으로 생각하며 문제를 창조적으로 해결하는 방법을 생각하는 지능이고, 실천 지능이란 상식을 잘 이해하고 상황에 맞게 결정된 해결책을 실제로 적용하는 지능이에요.

　앞에서 이야기한 콜라 마시기 문제에 세 가지 지능을 대입해볼까요? 9병까지 콜라를 마시는 계산을 빠르고 정확하게 하는 것은 분석 지능과 관련된 것이고, 남은 빈 콜라 병을 보며 저것을 어떻게 활용하면 1병이라도 더 먹을 수 있겠는지 생각하는 것은 창의 지능과 관련됩니다. 하지만 그런 생각을 한 모든 사람들이 그것을 실행에 옮기는 것은 아니에요. 실천 지능이 있는 사람만이 실제로 웃으며 가게 아주머니와 대화를 하거나, 친구와 협

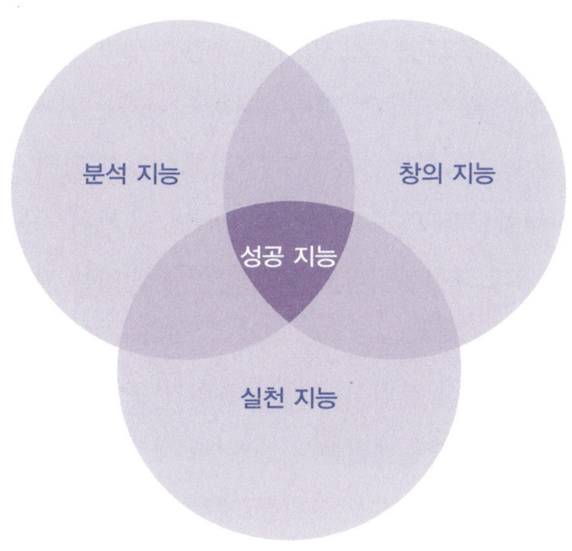

상을 하며 일을 실천합니다.

요즘 아이들은 정말 똑똑해요. TV에서 하는 퀴즈 프로그램들을 보면 어린아이들이 어찌 그렇게 잘 맞추는지 놀랍지요. 학자들에 따르면 전 세계적으로 사람들의 IQ는 해마다 3점 정도씩 올라간다고 합니다. 뇌 발달에 필요한 영양 상태가 양호해지고, 교육 수준이 높아짐에 따라 시각 매체가 증가하면서 많은 정보를 받아들이기 때문이라고 해요. 하지만 또 다른 연구 결과에 따르면 오늘날의 아이들은 7년 전 아이들보다 덜 똑똑하대요. 옛날의 아이들 대부분이 풀 수 있었던 문제를 요즘 아이들은 절반 정도만 풀 수 있다는 거예요. 이런 모순된 결과를 어떻게 설명해야 할까요?

TV나 인터넷 등을 통해 요즘 아이들은 일찍부터 많은 지식을 받아들이는데, 그 지식을 실제 자기 생활 속에 적용시킬 줄 모르기 때문이 아닐까 싶어요. 머리로만 배우고 몸으로 익히는 과정은 생략하기 때문에 알긴 아는 데 제대로 써먹을 줄은 모르는 헛똑똑이가 되어가는 거예요.

스텐버그 교수는 사회에서 성공하기 위해서는 세 가지 지능을 모두 갖춰야 한다고 지적합니다. 그래서 성공 지능이란 세 가지 지능(분석 지능·창의 지능·실천 지능)의 교집합이라고 설명하며 성공 지능 지수가 높아야만 인생의 험난한 파고를 헤치고 성공에 이를 수 있다고 주장해요.

시간의 흐름에 따라 창의성에 대한 정의가 조금씩 바뀌어가고 있어요. 이전에는 창의성이 문제 해결을 위해 뭔가 새로운 것을 창출해내는 것과 관련되어 있다고 생각했어요. 남다른 생각, 독창적이고 기발한 아이디어 등 '새로움'에 초점을 맞췄던 것이지요. 하지만 최근에는 새로움뿐만 아니라 이에 의미 있는 결과를 만들어내는 '생산성'을 더한 것을 창의성으로 보는 추세예요. 전에는 몽상가를 창의적이라고 생각했지만 이제 이들은 성과 없이 엉뚱한 생각만을 늘어놓는 애물단지에 불과해요. 요즘 세상이 원하는 창의성은 성공 지능과 밀접한 관련이 있어요. IQ와 같은 단순한 분석 지능만을 생각하거나 엉뚱하기만 한 창의 지능 또는 계획 없는 실천 지능만을 생각한다면 성과를 만들어내는 창의성은 얻을 수 없어요. 세 가지 지능의 교집합이 필요한 것이지요. 제대로 똑똑한 우리 아이들을 키워내려면 말이에요.

흔히 태교는 잉태한 순간부터 출산할 때까지 하는 것이라고 생각해요. 하지만 진정한 태교는 임신을 준비하는 시기부터 아기가 태어난 후 약 2년 까지예요. 부모 자체가 아이의 환경이 되므로 아이의 성장에 부모가 절대적인 영향을 끼치는 시기이기 때문이에요. 그래서 출산 후 적어도 24개월까지는 배 속에 아이를 품고 있을 때와 마찬가지로 태교를 하는 것이 중요해요.

지금까지 40주 동안 태교를 잘해오셨어요. 이제 곧 아기를 만나겠지요. 아기와 함께하는 시간은 생각보다 쉽지 않을 거예요. 좋은 부모가 되는 것은 이제까지 했던 다른 어떤 숙제보다도 어려운 숙제이고요. 하지만 생명을 처음 품었을 때 느꼈던 기쁨과 신비로움을 기억하면서 항상 감사한 마음을 갖는다면 아기의 만 두 돌 생일까지의 태교에도 성공할 수 있을 거예요. 건강하고 지혜로운, 행복한 아기의 탄생을 기원합니다.

창의력두뇌태교

1판 1쇄 인쇄 2012년 1월 11일
1판 1쇄 발행 2012년 1월 18일

지은이 송명진 · 박종하
펴낸이 김환기
펴낸곳 도서출판 이른아침
디자인 이솔잎
편 집 이단네 허윤희
마케팅 권명희
관 리 이민정

주 소 서울시 마포구 마포동 324-3 경인빌딩 3층
전 화 02)3143-7995
팩 스 02)3143-7996
등 록 2003년 9월 30일 제 313-2003-00324호
이메일 booksorie@naver.com

ISBN 978-89-93255-86-7 13590
정가 13,800원

* 잘못 만들어진 책은 구입하신 서점에서 교환해 드립니다.